Die Milchstraße

Fritz Kahn

Alpha Editions

This edition published in 2022

ISBN : 9789356704350

Design and Setting By
Alpha Editions
www.alphaedis.com
Email - info@alphaedis.com

Die Milchstraße

By Fritz Kahn

Wenn man in einer klaren Sternennacht aus der Lichtnähe menschlicher Behausungen in die Dunkelheit hinaustritt und den Blick zum Himmel wendet, sieht man zuerst nur die hellsten Sterne als leuchtende Punkte auf schwarzem Grund. Je länger man aber im Finstern weilt, um so mehr Sterne tauchen aus dem Dunkel; Hunderte, Tausende, erst vereinzelt, dann in Scharen, und wenn sich das Auge gänzlich an die Finsternis gewöhnt hat, so gewahrt es tief hinter dem Heer der übrigen Sterne einen schimmernden Nebelstreifen, der sich wie ein silbergraues Band um die Himmelskugel schlängelt – die *Milchstraße*.

Sie erhebt sich als ein 10–12 Mondscheiben breiter Lichtstreifen von unregelmäßiger Helle und Gestalt zwischen den beiden auffallenden Sternen Sirius und Prokyon über den Horizont, steigt zwischen dem glänzenden Bild des Orion und den Zwillingssternen Kastor und Pollux aufwärts durch das Dreieck des Fuhrmanns empor mitten durch den Perseus und überbrückt im W der Kassiopeia den Zenit in ihrer größten Annäherung an den Himmelspol. Von der Kassiopeia läuft sie zum hellen Stern Deneb im Schwan, wo sie sich in zwei Arme teilt, von denen der hellere und breitere genau über den Stern Atair im Adler, der schmälere und schwächere dagegen am Sternbild der Leier vorüber den Horizont hinabstrebt, um sich für unsere Breiten hier im Dunst der Atmosphäre zu verlieren. Auf der uns unsichtbaren Südhälfte des Himmels setzt sich die Milchstraße in genau der gleichen Weise fort. Die beiden Arme laufen getrennt zwischen Schütze und Skorpion und vereinigen sich, nachdem sie ein Drittel des ganzen Kreisumfangs gesondert waren, am hellen Stern Alpha im Centauern. Von hier aus läuft der ungeteilte Ring durch das schönste aller Sternbilder, das Kreuz, dem Südpol zu und steigt dann durch das ausgedehnte Bild des Schiffes hinüber in die Gegend des Orion, wo sich der Milchstraßengürtel wieder unserem nördlichen Firmament nähert.

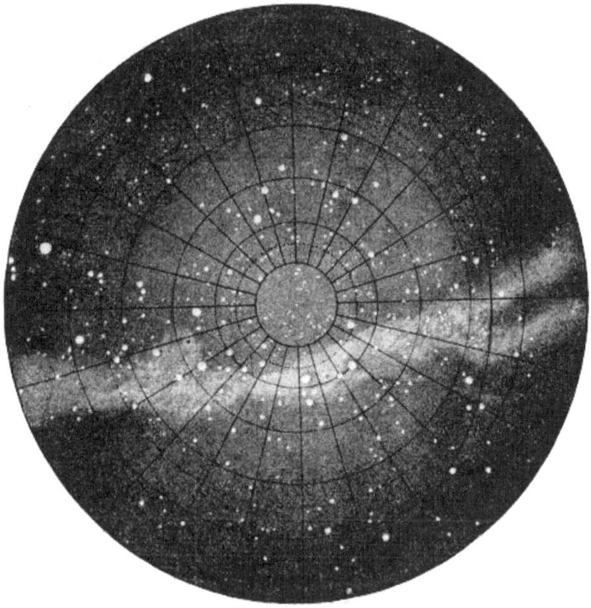

Abb. 1. Die Milchstraße auf der südlichen Himmelshälfte.

Erhöbe man sich so hoch über die Erde, daß kein irdischer Horizont mehr den Blick begrenzte, so würde man demnach die Milchstraße als einen ununterbrochenen Ring um das ganze Himmelsgewölbe ziehen sehen wie einen silbernen Reifen um eine gläserne Kugel.

Die Milchstraße ist keineswegs ein regelmäßige Gebilde. In einem Drittel ihres Laufes vom Schwan bis zum Centauern ist sie in zwei Arme geteilt wie ein Fluß, der eine Insel umfließt. Ihre Breite wechselt, erreicht ihr größtes Maß im Bild des Skorpions, ihre geringste Ausdehnung nahe dem Südpol im Kreuz. Seitenarme zweigen von ihr ab, verlieren sich allmählich im Dunkel des Himmels oder brechen scharf und hart ab, als seien sie abgeschnitten. Ihre Lichthelle ist wechselnd. An manchen Stellen erscheint sie wolkenartig zusammengeballt und auffallend lichtstark, dicht daneben schwach, schattenhaft, zerrissen und zerklüftet, ja völlig von finsteren Räumen und Gängen durchbrochen, von denen man die zwei größten südlich im Kreuz und nördlich im Schwan als die beiden »Kohlensäcke« der Milchstraße bezeichnet hat. (Abb. 1.)

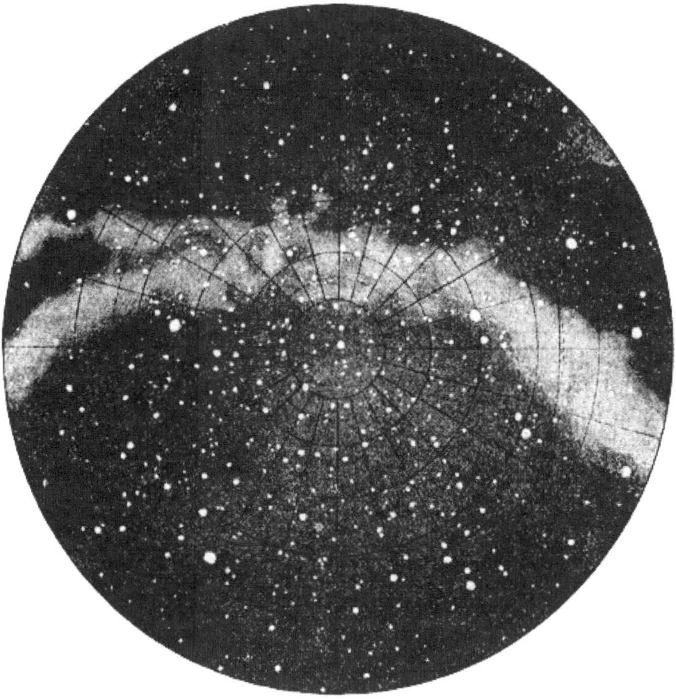

Abb. 2. Die Milchstraße auf der nördlichen Himmelshälfte.

Uns, die wir in hellerleuchteten Städten leben und, wenn wir reisen, im Expreßzug sicher unsere Schienenstraße zwischen Telegraphendrähten entlangsausen, kommt das Sternenband der Milchstraße nur selten zu Gesicht. Wir müssen es suchen, um es zu finden. Uns Kindern der Kultur ist zwischen Bogenlampe und Laternenpfahl der Glanz der Sterne entschwunden, und der Silbergürtel der Milchstraße gehört nicht zu den Schönheiten unserer täglichen Betrachtung. Wozu brauchen wir zu den Sternen aufzuschauen? Wann müßten wir durch einen Blick zum Himmel einen Weg erkunden, eine Stunde berechnen, eine Jahreszeit bestimmen? Der Sekundenschlag der Uhren zählt uns unsere Minuten, Turmglocken und Fabriksignale künden uns den Mittag, der Kalender führt uns durch Wochen und Monde, Telegraphenstangen und Eisenbahngleise weisen uns den Weg über wohlgepflegte Straßen und Dämme, Seekarte und Kompaß leiten unsere Dampfer über die Weiten vielbefahrener Meere. Was sind uns die Sterne? Sind sie uns mehr als ein Abendschmuck der Natur? Ist es uns nicht ein Erlebnis, wenn wir einmal auf Gebirg oder Meer den Sternenhimmel in ungetrübter Schönheit sehen? Wer von uns kennt den Lauf des nächtlichen Nebelbandes der Milchstraße?

Aber es gab Zeiten, in denen es anders war. Kein Rauch aus steinernen Schloten hüllte die Städte ein, kein Lichterglanz der Straßen rötete den Himmel über den Dächern der Häuser. Der Schein der Sterne fiel in ungedeckte Hallen und in stillverträumte Gärten. Auf seinem Wege durch das Land begleitete den Wanderer nichts als am Tag die Sonne und des Nachts die Gestirne. Von Meilenstein zu Meilenstein über Busch und Tal waren ihm die Himmelsbilder die einzigen Weiser seines Pfades. Den Schiffen auf weitem Meere zeigte nichts den Weg zur Heimat als die Plejaden und die Milchstraße. Odysseus sitzt des Nachts am Steuer und schaut empor zum Großen Bären; die drei Weisen wandern aus dem Morgenland einem Sterne nach gen Bethlehem; Kolumbus segelt über das Weltmeer unter dem blauen Banner der Sterne. Monde und Jahre wurden durch nichts anderes bestimmt als durch die Stellung der Gestirne. Wenn der Strahl des Sirius zum ersten Male durch den Mauerspalt des Hathortempels fiel und den Altar des Heiligtums mit mildem Glanze übergoß, verkündete der ägyptische Priester die Sonnenwende, und der Jahrestanz zu Dendera begann. Wenn das Regengestirn in der Dämmerung emporstieg, kehrt der Fischer heim vom Meere zur attischen Küste, treibt der Hirte seine Herde von den Bergen des Apennin, bricht der römische Imperator in Britannien seine Zelte ab, denn sie alle wissen, daß der Herbst mit seinen Stürmen naht. Den alten Völkern war der Sternenhimmel die Weltenuhr und die Milchstraße der große Zeiger auf dem gestirnten Zifferblatt. Der Mensch der Vorzeit fand sich am Himmel unter den Sternen zurecht wie wir uns in Fahrplan und Kalender zwischen Zahlen und Rubriken. Dem Menschen der Vergangenheit war der Sternenhimmel ebenso vertraut, wie er dem Menschen der Gegenwart es nicht ist.

Leider. Denn jenseits von allem trockenen Wissen geht dem Menschen, der den Himmel nicht kennt, ein sittlicher Reichtum verloren, der ihm in der maschinenschnellen Zeit der Moderne doppelt not und doppelt teuer wäre. Klein ist die Mühe, groß und nimmer endend der Lohn, ihn zu kennen. Ein abendlicher Blick vom Fenster seines Zimmers, vom Wege seines Gartens, von der Luke seines Daches, ein kurzes Stillestehen beim nächtlichen Gang durch den Park oder beim Überschreiten einer Wiese, und bald ist dem Naturfreund mit Hilfe einer Sternenkarte oder eines Sternbüchleins der Himmel bekannt. Wir wollen absehen von dem Hochgenuß, den ihm das Wissen über die Natur des Himmels bereitet. Jedes Wissen birgt Genüsse. Aber einzig und unvergleichlich ist die Wirkung auf das Gemüt, die aus der Kenntnis des gestirnten Himmels auf den Menschen niederstrahlt. Wer zu den Sternen aufschaut wie zu nimmer wankenden Freunden, dem gibt ihre ewige Ruhe im Strom des Lebens ein Bild von der Unendlichkeit und Größe der Welt, von der Kleinheit und Flüchtigkeit menschlichen Erlebens, den erhebt ihr Anblick über die kleinlichen Nöte des menschlichen Tagesdaseins und lenkt allabendlich wie ein Nachtgebet seine Gedanken aus der Tiefe des

Alltagslebens zur Natur, zum Weltempfinden, zur Ewigkeitsidee. Und wenn er mit seinen Gedanken aus den Fernen des Universums zurückkehrt zu sich, zur Menschheit, zur Erde und bedenkt, daß in derselben Stunde Tausende Gleichgesinnter in allen Zonen der Erde zu diesem Himmelsbilde aufschauen, Tausende in seinem Anblick das Wesen der Welt bedenken, Ruhe, Kraft und Erbauung finden, daß Hunderte von Sternkundigen ihre Teleskope ebenso auf den Höhen der Cordilleren wie auf den Türmen des Vatikans, ebenso an den eisigen Felsenküsten des Nordens wie in der dunklen Tropennacht des Kaps auf diese Sternenpunkte richten, alle von gleichem Empfinden beseelt, von der gleichen Schönheit bezaubert – dann findet seine nächtliche Gedankenfahrt ins Reich der Sterne einen würdigen Abschluß durch das erhebende Gefühl von der Einheit der strebenden Menschheit, von dem friedlichen Zusammenschluß, von der geistigen Brüderschaft aller naturforschenden und naturverehrenden Völker und Menschen.

Unter allen Erscheinungen des Sternenhimmels mußte von frühester Zeit an das Band der Milchstraße Geist und Phantasie des Himmelsbetrachters am stärksten locken. Ein Nebelweg hoch zwischen glitzernden Sternen, der sich vom Firmament aus unerforschter Ferne emporhebt, in schwindelnder Höhe das Land überbrückt und jenseits hinter den Bergen, hinter denen das Glück wohnt, geheimnisvoll versinkt – kann etwas die Sehnsucht des Menschen mehr reizen, den Wissensdurst des Denkers mehr entfachen? In den ältesten Volksmärchen und Göttersagen der grauen Vorzeit taucht das Problem der Milchstraße hervor.

Zeus, so erzählt die griechische Sage, wollte seinem Lieblingssohn Herkules Unsterblichkeit verleihen und legte ihn daher heimlich an die Brust der schlafenden Hera. Als diese erwachte, schleuderte sie im Zorn den ihr verhaßten Säugling von sich fort, daß sich die Milch im Bogen über den Himmel ergoß und so die Milchstraße bildete. Nach einer anderen Sage entstand die Milchstraße bei jenem Weltbrand, den Phaëton verschuldete. Phaëton, ein Sohn des Sonnengottes, beschwor seinen Vater, ihn einmal den Sonnenwagen über den Himmel lenken zu lassen. Der Führung unkundig und in der ungewohnten Höhe schwindelig geworden, verlor er die Herrschaft über das Gefährt, die Sonnenrosse jagten zügellos über das Gewölbe und entfachten jenen ungeheuren Himmelsbrand, durch den nach griechischer Auffassung die Wüsten verdorrten, die Vulkane entflammten und die Neger schwarz gebrannt wurden. Als Spur dieses Feuerweges, gleichsam als Asche dieses Weltbrands ist die Milchstraße geblieben.

In der römischen Mythologie beschreibt Ovid die Milchstraße als den Weg, auf dem die Götter vom Olymp zum Palast des Zeus hinschreiten, und zu dessen Seiten die Behausungen der Unsterblichen liegen. Bei den Arabern ist sie die Mutter des Himmels, die mit ihrer Milch die Sternkinder nährt, oder der große Himmelsfluß, an dem die Sternbilder der Tiere zur Tränke ziehen. Schön und sinnvoll nannten die Mexikaner die Milchstraße die Schwester des Regenbogens, poetisch und gedankenreich nennen andere Völker sie den Pfad der Toten hinüber ins Land der Seligkeit.

Im Kreise dieser Volksvorstellungen wurde die Wissenschaft geboren. Bei Chinesen, Indern, Ägyptern und Chaldäern blühte die Astronomie, als Europa noch eine Wildnis war. Aber ihre Wissenschaft war auf das Praktische gerichtet und beschränkt auf Landvermessung, Kalenderkunde und Finsternisberechnungen. Für die Nebelferne der Milchstraße hatten die Astronomen zu Peking und die Irispriester am Nil kein Auge. Um sich mit einer so wenig hervortretenden schattenhaften Erscheinung zu befassen, mußte man Philosoph sein und den Himmel nicht als ein Kalendarium, sondern als eine Naturerscheinung, als ein Welträtsel betrachten, das man zu lösen sucht. Daher finden wir die ersten ernsten Gedanken über die Milchstraße bei den griechischen Philosophen. Wie es sich oft ereignet, daß man in kindlicher Unbefangenheit im ersten Zugreifen der Wahrheit näher kommt als durch gewissenhafte Bemühungen, so erfaßten die griechischen Philosophen ohne alle wissenschaftlichen Grundlagen nur von Vernunft, Gedankenklarheit, Schönheitssinn und Wahrheitsdrang geleitet das Bild der Welt in jenen Grundzügen der Wahrheit, die erst durch eine jahrtausendlange Forschung Allgemeingut der Menschheit geworden sind. Man könnte die griechischen Philosophen geradezu die Propheten der Wissenschaft nennen. Pythagoras hat das Wesen der Algebra, Euklid die Fundamente der Geometrie, Aristoteles die Methoden der Naturbeschreibung, Demokrit die Atomlehre, Aristarch die Mechanik unseres Sonnensystems, Epikur mit Lukrez später den Entwicklungsgedanken mit allen seinen Konsequenzen durchgeführt. Unsere ganze moderne naturwissenschaftliche Weltanschauung, die sich erst im 19. Jahrhundert zur vollen Blüte entfaltete, finden wir bei den griechischen Philosophen vor über 2000 Jahren als Knospe sprießen.

Im Kreise dieser Männer wurde das Milchstraßenproblem zum ersten Mal als wissenschaftliche Frage aufgeworfen. Die Pythagoräer knüpfen noch an die Phaëtonmythe an und erklären die Milchstraße für die Spur einer ehemaligen Sonnenbahn. Aristoteles hält sie für ein gewaltiges Meteor, sein Nachfolger Theophrast beschreibt sie als die Fuge zwischen den beiden Halbkugeln des Himmels, durch die das Licht des Zentralfeuers hindurchschimmere. *Demokrit* von Abdera, der geistvolle Begründer der Atomlehre (460 v. Chr.), war der erste Sterbliche, der die Milchstraße als das erkannte, was sie nach den unzweifelhaften Ergebnissen der modernen Wissenschaft in Wahrheit ist: *als eine Anhäufung unendlich ferner dichtgedrängter Sterne.*

Die Größe dieser Vorstellung im Hirn eines antiken Griechen können wir heute kaum noch würdigen. Man muß bedenken, daß sie im Kopf eines Menschen reifte, der in den Anschauungen erzogen wurde, Wald und Triften seien bevölkert von Nymphen und Faunen, drüben über den Schneegipfeln des Olymp wohnten in Saus und Braus die weltregierenden Götter, die Sonne sei der Wagen des Phoebus Apollo, dem die Mondgöttin Luna in der Nacht verliebt über die himmlischen Gefilde nachschweife, und das Tal zu Delphi sei der Nabel der Welt. In Demokrit verehren wir den Vater der Milchstraßenforschung.

Wie all die köstliche Prophetenweisheit der griechischen Philosophen, so verhallten auch die Seherworte des Demokrit von der Natur der Milchstraße in der allgemeinen Nacht der naturwissenschaftlichen Unbildung des Mittelalters. Kein einziger Forscher der nächsten zwei Jahrtausende befaßt sich ernsthaft mit dieser Frage, nur in Legenden und theologischen Weltbeschreibungen wird hie und da die Milchstraße kurz gestreift. Sie soll die Hufspur der Pferde des Attila sein, berichtet eine Königssage. Kirchengelehrte halten sie für die Weltfuge, in der die beiden Schalen des Firmaments zusammengefügt sind, und betrachten die Milchstraße sozusagen als den Leim, der die beiden Kugelhälften zusammenkleistert. Niemand nimmt den großen Gedanken des Demokrit mehr auf. War das edle Wissen der Griechen spurlos in alle Winde zerflattert? War der Menschengeist im Mittelalter wirklich so verkommen und gesunken, wie es uns die Zeit zu lehren scheint? Schwankt die Kurve der geistigen Entwicklung der Menschheit wirklich so zwischen steiler Höhe und tiefem Abfall? Mit nichten. Wie in der Entwicklung der Lebewelt die einzelnen Tierarten nacheinander die Erde beherrschen, die Kreidetiere, die Ammoniten, die Lurche, die Saurier sich abwechseln und heute die Menschen den Planeten regieren, so beherrschen in der geistigen Entwicklung nacheinander die verschiedenen Ideenarten die Menschheit. Die Art, die Richtung, nicht die Höhe des Geistes schwankt in den Jahrhunderten. Derselbe Sinn, der im Altertum die schönsten Früchte wissenschaftlicher und künstlerischer Leistungen reifen ließ, war im Mittelalter auf das Religiöse, auf das Mystisch-Phantastische gerichtet und daher für die Wissenschaft unfruchtbar. Ein Mensch, der zur Zeit der Pythagoräer durch seine geistigen Gaben auffiel, wurde zu den Naturphilosophen in die Schule gebracht und wurde Philosoph, Mathematiker, Naturforscher. Überragte ein Knabe im Mittelalter seine Genossen, so kam er ins Kloster und wurde im Ideenkreis der Religion erzogen und in die Laufbahn kirchlicher Würden gedrängt. Die Intelligenz des Mittelalters wurde von der Kirche aufgesogen wie das Wasser eines Beckens von einem riesigen Schwamm, und wir finden in ihrem Dienste *alle* geistigen Elemente vom frömmsten bis zum unreligiösesten vereinigt: kriegerische Päpste, weltlich gesinnte Kirchenfürsten, schürzenjägerische

Kardinäle, freigeistige Mönche, der Wissenschaft mehr als dem Glauben huldigende Priester. Wieviel echte Milchstraßenforscher mag es unter ihnen gegeben haben! In wieviel Tausend erleuchteten Geistern, die nie eine ihrer Überzeugungen zu Papier gebracht, nie eine ihrer Ideen zu Papier bringen durften, mag der Gedanke Demokrits nachgeleuchtet haben? Wie oft mögen Freunde, die in stiller Nacht über Fluren wandelten, zu den Sternen emporgeblickt und über das Nebelband zu ihren Häupten gesprochen haben, wie oft mögen Priester, wenn sie auf dem Turm ihrer Kirche standen, Mönche auf dem Hof ihrer Abtei, Talmudisten in der Gasse ihres Ghettos sich in den Anblick der Milchstraße versenkt, sie als ferne Sternenheere erkannt haben und in Andacht versunken sein vor dieser geisterhaften Offenbarung der Unendlichkeit? Kein Lied, kein Heldenbuch nennt ihre Namen, versunken und vergessen …

2000 Jahre nach Demokrit, um 1550, trat Kopernikus, der Domherr zu Frauenburg, mit seiner Schrift über die Bewegungen der Gestirne auf, in der er die antike Weltanschauung, daß die Erde im Mittelpunkt des Alls stehe und die Sonne um sie kreise, widerlegte und durch die Lehre ersetzte, daß die Sonne das Zentrum sei, um das Erde und Planeten sich bewegten. Durch diesen Weltgedanken erwarb sich Kopernikus unsterbliche Verdienste um den Fortschritt der Menschheit. Aber er begründete keineswegs, wie die meisten Menschen annehmen, unsere moderne Auffassung vom Universum. Er glaubte, daß die Sonne der ruhende Pol des ganzen Weltalls sei, und daß die Fixsterne an einem Kugelhimmel angeheftet sich mit diesem um die Sonne drehten. Seine Theorie, ideenreich und gedankentief genug, den ganzen Inhalt eines großen Forscherlebens auszufüllen, erstreckte sich nur auf den Raum unseres Planetensystems. Zum Flug ins Universum hinauf in die Ferne der Milchstraße reichte seines Geistes Flügelkraft nicht hin. Das war seinem jüngeren Zeitgenossen und begeisterten Herold seiner Lehre, *Giordano Bruno* (geboren 1548), vorbehalten.

Giordano Bruno war wie Kopernikus im Dienst der Kirche aufgewachsen. Als ihm das Buch des Kopernikus zu Gesicht kam, griff er diese neue Weltidee mit Feuereifer auf, entfloh im offenen Zwiespalt mit der Kirchenlehre dem Kloster und wurde auf jahrelangen Reisen durch ganz Europa der Wanderprophet der neuen Weltanschauung. Giordano Bruno ist in der Tat ein prophetisches Phänomen. In noch ausgeprägterer Art als bei den griechischen Philosophen erleben wir an ihm das Wunder, daß ein Mensch ohne alle Mittel sicheren Wissens, nur von Gefühl, Vernunft und Phantasie geleitet die wissenschaftlichen Ergebnisse der kommenden Jahrhunderte vorausahnt. Er hat den Beweis erbracht, daß der phantasiebeschwingte Gedanke, der Sinn für Wahrheit, Größe, Rhythmus und Einheit mit seinen Dichterflügeln weiter reicht als aller grübelnde Verstand, hinausreicht über den Kreis der Planeten in das Reich der Sterne und über die Grenzen der Milchstraße hinaus in jene Bezirke der Unendlichkeit, in denen sich für alle Zeit der menschliche Gedanke hoffnungslos verlieren wird. Giordano Bruno ist der Kopernikus des Universums. Was jener für das Sonnensystem, ist Giordano Bruno für die Fixsterne, für die Milchstraße, für das Weltall. Während Kopernikus als Abschluß des erforschlichen Diesseits die Kristallsphäre der Alten mit den in ihr schwebenden Fixsternen bestehen ließ, zerbrach Giordano Bruno das gläserne Gewölbe, zerstörte den Wahn von der Übersinnlichkeit der Sternenwelt und eröffnete der Forschung das Universum, die schrankenlose äthererfüllte Unendlichkeit, wie er es selbst in poetischer Verzückung ausgesprochen in den Versen:

»Die Schwingen darf ich selbstgewiß entfalten,nicht fürcht' ich ein Gewölbe von Kristall,wenn ich des Äthers blauen Duft zerteile,und nun empor zu Sternenwelten eile,tief unten lassend diesen Erdenballund alle niederen Triebe, die hier walten.«

Als erster Sterblicher, der die Gedankenfahrt hinauswagt aus dem engen Bezirk unseres Sonnensystems in die unermeßliche Weite der Sternenwelt, berauscht sich Giordano Bruno förmlich an der Größe und Schönheit des Alls. »Einzig ist der Himmel,« so beginnt einer seiner berühmten Dialoge, »der unermeßliche Raum, das Universum, der allumfassende Äther, in dem sich alles regt und bewegt. In ihm sind unzählige Gestirne, Weltkugeln, Sonnen und Planeten, wahrnehmbare und unzählige andere nicht mehr wahrnehmbare müssen vernünftigerweise angenommen werden.« »Es gibt zahllose Sonnen und zahllose Erden, die alle in gleicher Weise ihre Sonnen umkreisen, so wie wir es an den sieben Planeten unseres Systems sehen. Wir erblicken nur die Sonnen, weil sie die größten Körper sind und leuchten. Ihre Planeten aber bleiben, weil sie kleiner sind und nicht leuchten, für uns unsichtbar.« Er durchdenkt diesen Gedanken bis in seine letzten Folgerungen und kommt zur Überzeugung von der Bewohnbarkeit der Welten: »Die unzähligen Welten des Alls sind um nichts schlechter und nichts weniger bewohnt als unsere Erde. Denn unmöglich kann ein vernünftiger Verstand sich einbilden, daß jene unzähligen Welten, die doch ebenso und vielleicht noch prächtiger sind als unsere, denen doch ebenso wie uns eine Sonne befruchtende Strahlen zusendet, unbewohnt seien und nicht ähnliche oder gar vollkommenere Bewohner trügen als unsere Erde. Die ungezählten Welten des Alls sind alle von der gleichen Gestalt, demselben Rang, denselben Kräften und denselben Gesetzen untertan.« Mit seinem Seherauge schaut er in die Zukunft kommender Jahrhunderte und prophezeit der Wissenschaft ihre Aufgaben und Erfolge: »Schenk uns die Lehre von der Universalität der irdischen Gesetze auf allen Welten und von der Gleichheit aller kosmischen Stoffe! Vernichte die Theorien von dem Weltmittelpunkt der Erde! Zerschmettere die überirdischen Mächte, die die Welt bewegen sollen, und die Schalen der sogenannten Himmelskugeln! Öffne uns das Tor, durch welches wir hinausblicken können in die unermeßliche, einheitliche, ohne Unterschiede zusammengesetzte Sternenwelt, zeige uns, daß die anderen Welten im Äthermeer schwimmen wie die unsere! Erkläre uns, daß die Bewegungen aller Welten aus inneren Kräften hervorgehen, und lehre uns im Lichte solcher Anschauungen mit sicherem Schritt vorwärts schreiten in der Erforschung und der Erkenntnis der Natur.« Hoffnungsvoll ruft er seinen Jüngern das Zukunftswort entgegen: »Seid getrost, die Zeit wird kommen, wo alle sehen werden, was ich sehe!«

Schöner, als er es ahnen konnte, kam diese Zeit. Zwar schien es hoffnungslos, daß man jemals das Rätsel der Sterne lösen könnte. Keine Kunde dringt zu uns aus jenen Fernen, keine Sphärenmusik klingt, wie die Pythagoräer glaubten, durch den Weltraum. Nacht für Nacht zieht das Heer der Sterne schweigend herauf und hernieder. Nur ein einziger stummer Bote eilt vom Himmel zu uns herab: das Licht. Aber bringt uns dieser Bote auf leuchtenden Schwingen auch eine Kunde? Birgt sich hinter diesen Lichtpünktchen des Himmels eine Sprache wie hinter den Punkten des Morsetelegramms? Wird je eine Zeit kommen, in der die Menschen diese Himmelssprache auch enträtseln? Diese Zeit kam.

Kaum war die Asche verraucht auf dem Scheiterhaufen Giordano Brunos, auf dem er am 16. Februar 1600 zu Rom für sein Weltbekenntnis den Märtyrertod erlitten, da drang aus Holland die Kunde nach Italien, daß man durch Zusammenstellung mehrerer Linsen ein Instrument verfertigen könnte, durch das man ferne Gegenstände nahe sieht. Galilei baute ein solches Instrument: das *Fernrohr* war erfunden. Das goldene Zeitalter der Astronomie brach an. Galilei richtete sein Rohr zum Himmel und machte wunderbare Entdeckungen. Er sah, daß der Mond eine Kugel war wie die Erde, mit Bergen, Tälern und Meeresflächen, daß der Jupiter von Monden umkreist wurde wie unser Planet, daß die Sonne ein glühender Ball war, auf dem es loderte und brodelte wie in Feuerschlünden, und daß er sich um seine Achse drehte wie Erde, Mond, Jupiter und Saturn. Die Einheit des Sonnensystems war erkannt, der Sieg der Kopernikanischen Lehre über die alte Weltanschauung wurde in allen Ländern proklamiert.

Aber für die Milchstraßenforschung war der Frühlingstag noch nicht gekommen. Sie hatte von der neuen Erfindung keinen Gewinn. Im Gegenteil, man war grenzenlos enttäuscht und konnte sich des Spottes der Gegner nicht erwehren. Die Fixsterne erschienen im Fernrohr noch kleiner und punkthafter als vordem. Die Milchstraße blieb ein undurchdringlicher Nebel, der im schmalen Gesichtsfeld des Fernrohrs noch geisterhafter, überirdischer, unerforschlicher aussah. Nur schüchtern wagte Galilei angesichts der Unzahl der im Fernrohr sichtbaren Sterne den Gedanken Demokrits aufzunehmen, daß die Milchstraße aus dichtgedrängten Sternscharen bestehe. Die Gegner des Kopernikus triumphierten. Ihr habt recht, sagten sie, Erde und Planeten drehen sich um die Sonne. Aber die Sonne ist der Mittelpunkt der Welt, »das Herz des Universums«. Jenseits des Saturn wird die Welt vom kristallenen Himmelsgewölbe begrenzt, in dem die himmlischen Lichter der Fixsterne aufgehängt sind.

Die beobachtende und rechnende Astronomie war ohnmächtig gegenüber der Erscheinung der Milchstraße. Aber der grübelnde Sinn des Menschen gibt sich nicht zufrieden mit den Schranken des Wissens. Was er sieht, will er begreifen, und was er nicht mehr zu sehen vermag, sucht er durch Ideen auszufüllen. Wo das exakte Wissen aufhört, setzt der Vernunftsschluß, setzt die Spekulation ein. Die Grenze der Wissenschaft ist der Markstein der Philosophie; wo jene endet, nimmt diese ihren Anfang. So finden wir im 18. Jahrhundert das Milchstraßenproblem wieder wie in den Tagen Alt-Griechenlands in den Händen der Philosophen und sehen, wie wissensdurstige Männer unabhängig von Berechnung und Instrument sich auf den Flügeln ihres Geistes erheben, um das Geheimnis der Milchstraße zu entschleiern, und wir erleben abermals die Genugtuung, daß der kühne geistvolle Gedanke, daß die klare logische Idee über die Grenzen unseres ach, so beschränkten Wissens hinaus auch die letzten und größten Wahrheiten in ihren Grundzügen zu erfassen vermag; ja, was die Leser dieser Zeilen als Freunde der Natur ganz besonders fesseln wird, die befruchtenden Gedanken über das Wesen der Milchstraße, die zu den erhabensten gehören, die je dem Menschengeist entsprungen sind, gingen nicht aus von zahlenkundigen Astronomen, nicht von Männern mit Doktorhut und akademischen Würden, sondern von Menschen niederster Herkunft und einfachster Bildung, von Dilettanten in der Wissenschaft, die nichts anderes mitgebracht als Liebe zur Allnatur und ihrer Erkenntnis, Wissensdrang und unablässige Streben nach den Quellen der Wahrheit.

Über das Weltmeer fährt ein armer Matrose. Er war als Sohn eines Zimmermanns geboren, zwischen Takelwerk und Teerfaß aufgewachsen und führte nun ein hartes Dasein in Wind und Wellen. Stürmisch wie der Ozean war sein Leben, einsam und freudlos wie die Wasserwüste waren seine Tage. Aber nachts, wenn die Sterne heraufzogen über das Meer, dann lag er vorn am Bug des Seglers auf den Tauen und blickte auf zu den Lichtern, die über der Wasserfläche glänzten, und wenn in der Klarheit der Meeresluft das Band der Milchstraße mit all seinem Reichtum an Nebeln, Wolken, Unterbrechungen und Seitenarmen hervortrat, dann versenkte sich dieser einfache Seemann in die Wunder des Himmels und seine ganze Sehnsucht ging dahin, dieses Weltband zu enträtseln. Er erkannte auf seinen Reisen durch alle Zonen, daß die Milchstraße ein lückenloser Ring war um den ganzen Himmel. Als ihm später in seinem englischen Heimatland ein sorgenloses Dasein winkte, da schrieb dieser ehemalige Matrose eine Schrift über das Wesen der Milchstraße und den Bau der Welt unter dem Titel »Neue Hypothese über das Weltall« 1740.

Zwei Männer schöpften aus dieser Schrift des Seemanns *Thomas Wright* ihre Ideen über den Aufbau des Universums. Der eine war ein Schneidergeselle aus dem Elsaß, der es durch Fleiß und Talent und durch die verdiente Gunst Friedrich des Großen bis zum Mitglied der Akademie der Wissenschaften brachte, *Heinrich Lambert.* Seine populär geschriebenen »Kosmologischen Briefe« (1761) erregten überall durch ihren feurig-enthusiastischen Stil die Begeisterung des Publikums und wurden in vielen Tausend Exemplaren über alle Länder verbreitet. Der andere war der Sohn eines Sattlers. Er kam nie über die Grenze seiner abgelegenen Vaterstadt hinaus. Aber sein Geist kannte keine Schranken und erhob sich bis in die Weiten des Himmels, dessen Bau und Entwicklung er so grundlegend darstellte, daß wir noch heute auf seinem Werke fußen. Dieser dritte war *Immanuel Kant.*

Diese drei Männer, vor allem in höchster Vollendung Kant, bauten folgendes Weltbild auf. Wir leben auf unserer Erde im Sonnensystem. In der Mitte unseres Systems steht die strahlende Sonne, um sie kreisen in elliptischen Bahnen die Planeten, deren einer unsere Erde ist. Im Gegensatz zur leuchtenden Sonne sind die Planeten infolge ihrer Kleinheit erkaltet und dunkel. Dieses Planetensystem ist als ein System erster Ordnung zu betrachten. *Jeder Stern am Himmel ist eine glühende Sonne wie unsere.* Diese Sonnen sind so unausdenklich fern, daß sie uns als Punkte erscheinen und selbst im Fernrohr kleinste Punkte bleiben. Mit größter Wahrscheinlichkeit besitzt jede dieser Sonnen um sich ein System von Planeten, die wir aber wegen der großen Entfernung und ihrer Dunkelheit nicht wahrnehmen. Mit ebenso großer Wahrscheinlichkeit sind diese Planeten zum Teil bewohnt wie die Erde.

Abb. 3. Sternhaufen im Centaurn. (Photogr. von Gill.)

Diese Idee von der Sonnennatur der Sterne, von den unsichtbaren Planeten dieser Sonnen und der Bewohnbarkeit dieser Welten hatte schon Giordano Bruno ausgesprochen. Nun aber überflügeln ihn die drei Weltdenker des 18. Jahrhunderts vermöge ihrer größeren astronomischen Kenntnisse. Es waren nämlich durch das Fernrohr am Himmel außer einer Unzahl kleinerer Sterne ungefähr 100 Sternhaufen und Nebelflecke entdeckt worden. Mit unbewaffnetem Auge sind die größten Sternhaufen eben als verschwommene Lichtpünktchen wahrnehmbar wie der berühmte Sternhaufen im Perseus* genau in der Mitte zwischen dem W der Kassiopeia und den Hauptsternen des Perseus. Im Fernrohr enthüllt sich solch ein Sternhaufen als eine kugelförmige Anhäufung Hunderter, ja Tausender Sterne, die eng zusammengedrängt sind wie die Brillanten eines Diadems. Der Anblick eines solchen Himmelsdiadems gehört zu dem schönsten, das die Natur überhaupt dem Menschen zu offenbaren vermag (Abb. 3).

Sämtliche mit einem Stern bezeichnete Himmelsobjekte sind auf der Sternkarte S. 21 hervorgehoben.

Außer diesen Sternhaufen entdeckte man noch nebelig verwaschene Gebilde von teils unregelmäßig zerklüfteter, teils regelmäßig scheiben-, ring- und linsenförmiger Gestalt, die man *Nebelflecke* nannte. Auch von ihnen sind die größten mit bloßem Auge gerade noch wahrnehmbar, so der Nebelfleck im Bilde der Andromeda* und als größter von allen der berühmte Nebel im Orion* dicht unter dem Dreigestirn des Jakobstabes.

Die Sterne sind, so schlossen Wright, Lambert und Kant, nicht regellos im Raum verteilt, sondern zu Sternenhaufen gruppiert. Diese Sternenhaufen sind die Systeme zweiter Ordnung. Auch wir leben im Innern eines Fixsternhaufens. Unsere Sonne bildet mit allen helleren Sternen des nächtlichen Himmels zusammen einen Sternenhaufen, wie wir ihn im Bilde des Centaurn oder des Perseus aus großer Ferne erblicken. Uns erscheinen die helleren Sterne am Himmel so verstreut, weil wir uns inmitten dieses Haufens befinden und nach allen Seiten von diesen Nachbarsternen umgeben sind. Würden wir aber aus anderen Sternhaufen, beispielsweise aus dem abgebildeten Haufen im Centaurn auf unsere Sonne herniederschauen, so würden wir die Sterne des Centaurnhaufens rings um uns am Himmel verteilt sehen als hellere Sterne, unsere Sonne dagegen im Innern eines fernen zusammengedrängten Sternhaufens nach Art des abgebildeten als lichtschwaches Pünktchen erblicken. Aber auch diese Sternhaufen sind nicht regellos im Raum zerstreut. Sie sind genau so zu einem System geordnet wie die Planeten unseres Sonnensystems. Sie sind alle in einer Ebene neben- und hintereinander, aber nicht übereinander gelagert, so wie unsere Planeten alle in einer Ebene, der sogenannten Ekliptik, schweben, und kreisen in dieser Ebene wahrscheinlich um einen Weltmittelpunkt wie die Planeten um die Sonne. Während die Sternhaufen als Ganzes in dieser Ebene dahinfliegen, bewegen sich die Sonnen innerhalb ihres einzelnen Haufens um den Mittelpunkt desselben, so wie die Monde während der Sonnenreise ihrer Planeten diese in Kreisen umschwingen. Lambert hielt den Orionnebel, Kant den Sirius* für den Mittelpunkt unseres Sternhaufen. Alle diese Sternhaufen zusammen bilden ein System dritter Ordnung. Die Gestalt dieses Systems ist die einer Linse, wie man sie erhält, wenn man zwei Suppenteller mit ihren Rändern aufeinanderstellt. Der Sternhaufen, dem unsere Sonne angehört, befindet sich in der Mitte einer solchen ungeheuren Weltlinse. Schauen wir durch diese Sternenhaufenlinse nach den Breitseiten, den Polen zu, so sehen wir verhältnismäßig wenig Sterne. Blicken wir dagegen flach durch das ganze Linsensystem, in der Richtung der Sternhaufenebene, so müssen wir durch die ganze Masse der Sterne und Sternhaufen hindurchsehen, und sie erscheinen uns als ein Ring von dichtgedrängten Sternen und Sternhaufen, so fein und so dicht, daß wir ihre Gesamtmasse nur als einen zusammenhängenden, verwaschenen Nebelgürtel rings um den Himmel wahrnehmen, – die Milchstraße.

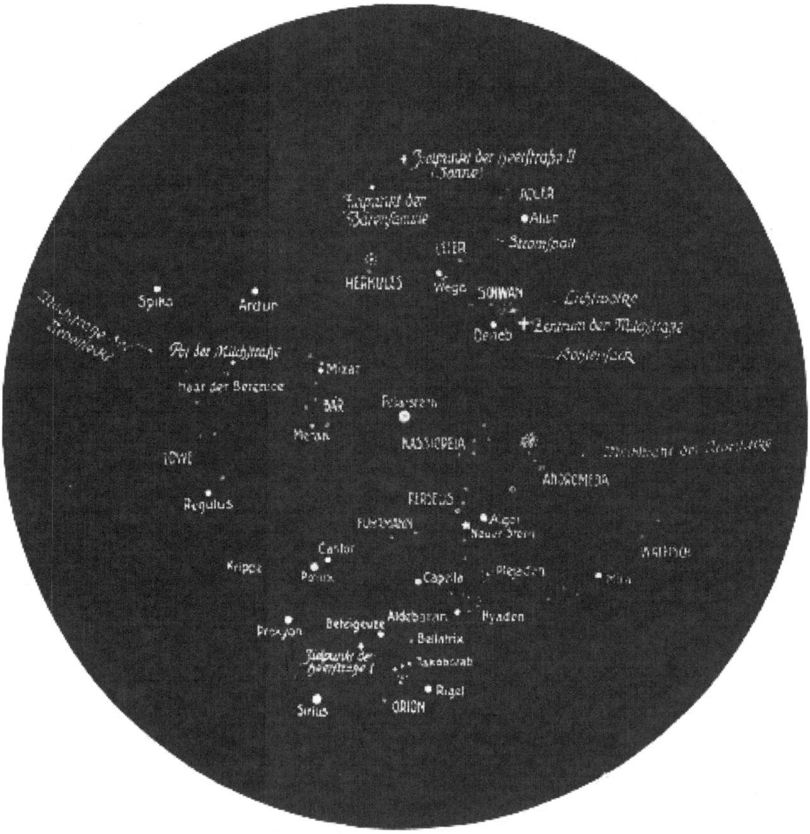

Abb. 4. Sternkarte mit Hervorhebung der für die Milchstraßenforschung wichtigen und erwähnten Himmelsobjekte.

Die Milchstraße ist also nach der Hypothese dieser drei Männer die Erscheinung eines ungeheuren Sternsystems, einer linsenförmigen Weltinsel, in deren Mitte sich unsere Sonne als ein Stern in einem Sternhaufen befindet (Abb. 5). Von den sichtbaren Sternen gehören die helleren unserem Sternhaufen, die schwächeren und alle jene, deren Licht wir nur als Nebel wahrnehmen, den andern Sternhaufen an, alle aber dem einen großen Weltsystem der Milchstraße.

Man stelle sich vor, wir ständen nachts auf dem Deck eines illuminierten Schiffes. Vor, hinter, neben und über uns sehen wir die Lichter unseres Schiffes in den Masten und am Bordrand hängen. In allen Himmelsrichtungen sind wir also von einzelnen hellen, uns sehr nahen Lampen umgeben. In weiter Ferne ist das ganze Meer bevölkert von gleichfalls illuminierten Schiffen. Man sieht von diesen Schiffen, da es Nacht ist, nur die Lichter. Die näheren erkennt man als zusammengedrängte

Haufen von Lichtern. Hier eine solche Anhäufung von Lichtern, ein Schiff, dort eine andere Lichtergruppe, ein zweites Schiff. Von den fernen Schiffen nimmt man keine einzelnen Lichtpunkte mehr wahr, sondern nur noch einen unbestimmten Schimmer. Da die Schiffe weiter verteilt sind, als unser Auge reicht, und allseitig um uns das Meer befahren, so sind wir rings umgeben von einem mattleuchtenden nebeligen Schein, von einem Lichtgürtel, der den Horizont ringförmig umschließt.

Das Meer ist der Weltraum. Das Schiff, auf dem wir uns befinden, ist der Sternhaufen, dem unsere Sonne angehört. Die nächste größte Laterne ist unsere Sonne selbst. Die kleinen Lichter über, neben und hinter uns sind die übrigen Sterne unseres Haufens. In mäßiger Entfernung, aber immer noch tausendmal weiter als die letzten Sterne unseres Haufens sehen wir andere Sterngruppen als Sternhaufen. Die weitaus meisten Sternhaufen aber sind von uns so weit entfernt, daß ihr Glanz mit dem der übrigen hinter, neben und vor ihnen verschwimmt, und so ihre Gesamtheit uns als leuchtender Gürtel, als Milchstraße umgibt.

Hört die Welt jenseits der Milchstraße auf? Nein. Die Milchstraßenlinse ist zwar unvorstellbar groß, aber ein durchaus festbegrenztes endliches Gebilde. Sie ist eine Weltinsel. Das Weltall aber ist unendlich. Andere Milchstraßensysteme bevölkern es. Diese fremden Milchstraßensysteme sehen wir als Nebel von Linsengestalt aus ungeheurer Ferne schimmern. Der Andromedanebel ist solch ein fernes Milchstraßensystem, das wir weit außerhalb unserer Weltinsel im Raum schweben sehen. Unendlich wie das All ist die Zahl solcher Milchstraßen. Auch sie sind wieder zu Systemen geordnet, Systemen 4., 5. und 6. Ordnung, kreisen um- und ineinander wie Räder, jede von ihnen ein Rad im Getriebe einer großen Weltmaschine, ein Rädchen an der großen Weltenuhr, deren unerforschlicher Gang dem Menschen ein ewiges Rätsel bleibt …

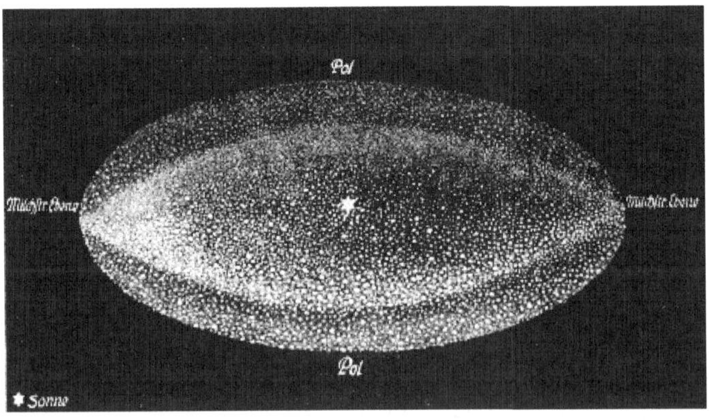

Abb. 5. Das Milchstraßensystem als Weltlinse nach Wright, Kant und Lambert.

Kann etwas kühner sein als die Hypothese dieser drei Männer? Kopernikus stieß die Erde von ihrem ruhenden Thron und wälzte sie zu ewigem Lauf um ihre Sonne. Diese Männer hoben die Sonne aus ihrer Angel und stießen sie hinein in den Weltraum, daß sie in ihm kreise, ein Stern unter Sternen, ein Lichtpunkt im großen Weltgewühl der Milchstraße. Sie ordnen mit weltenschöpferischer Kraft das Heer der Sterne zum wahren Kosmos, zum Schmuck, zur Weltordnung, zur harmonischen Einheit von Raum und Materie, Kraft und Stoff, Masse und Bewegung.

Was konnten sie zur Begründung einer solch kühnen Weltanschauung vorbringen? Konnten sie beweisen, daß die Sonne nur ein Stern war und nicht, wie Kepler glaubte, »das Herz des Universums«? Daß die Sterne Sonnen waren und nur ihrer Ferne wegen als Punkte erschienen? Konnten sie beweisen, daß Planeten um sie kreisen, und sie sich wirklich zu Haufen gruppieren? Daß die Sonne sich in einem solchen Haufen befindet? Daß sich die Sterne im Raum bewegen und keine prima sphaera immobilis, keine höchste unbewegliche Himmelssphäre bildeten? Daß sie eine Einheit waren aus gleichen Stoffen gebaut, von gleichen Kräften regiert? Daß die Milchstraße in der Tat aus Sternen zusammengesetzt und keine Fuge im Himmelsgewölbe ist, und daß die Nebelflecke ferne Milchstraßensysteme vorstellen?

Alles das hätten sie Punkt für Punkt beweisen müssen, wenn sie ihre philosophische Spekulation zum Rang einer wissenschaftlichen Hypothese erheben wollten. Und was konnten sie beweisen? Nichts. Der Mond war erforscht, die Sonne studiert, Planetenbahnen waren berechnet, Kometen bestimmt, aber die Welt der Sterne, die Milchstraße, war ein unerforschte Land. Sie schien aller irdischen Erkenntnis zu spotten und für die Menschheit, die auf diesem winzigen Erdplaneten gebannt ist, ein Rätsel ohne Lösung zu bleiben. Wer hätte auch in jene Fernen dringen können? In jene Fernen, in denen Sonnen zu Punkten werden und selbst im Fernrohr sich nicht einmal zur kleinsten Scheibe verbreitern, ja, in denen selbst diese Punkte schwinden und in ihrer Unzahl zu einem milchigen Schimmer verschwimmen, der uns als Nebelgürtel umleuchtet; und in jene noch tausendmal größeren Fernen, in denen ganze Systeme dieser Art, ganze Milchstraßen zu einem Wölkchen verblassen, so klein, daß das Auge sie kaum in den klarsten Nächten als Fleckchen wahrnimmt! Mußte nicht für alle Zeiten das junggeniale Machtwort Schillers hier dem Menschen eine ewige Grenze bieten:

»Steh! du segelst umsonst – vor dir Unendlichkeit!«»Steh! Du segelst umsonst – Pilger, auch hinter mir! –Senke nieder,Adlergedank', dein Gefieder!Kühne Seglerin, Phantasie,Wirf ein mutloses Anker hie.«

Wer hätte in jene Fernen dringen können, in denen selbst die Phantasie ein mutlos Anker wirft? Wer?

Im Jahre 1759 zog die Regimentskapelle der Hannoverschen Grenadiere nach England. Mit ihr wanderte ihr Hoboebläser, ein blutarmer 19jähriger Musikant, dessen Vater selbst Militärmusiker gewesen war, aus seiner Heimat aus. In England entsagte er bald dem Dienst und schlug sich kümmerlich als Musiklehrer durch. In den Pausen zwischen den Stunden aber setzte er sich hin und studierte die Gesetze der Optik, um sich ein Fernrohr zu bauen, da er kein Geld besaß, ein fertiges zu erwerben. Des Nachts richtete er seine selbstkonstruierten Rohre gegen den Himmel und studierte die Welt der Sterne. Das Geheimnis der Milchstraße zu entschleiern, war das Ideal seines Lebens. Bruder und Schwester entflammte er für sein hohes Ziel, und dieser arme, aber erlauchte Kreis der drei Geschwister wetteiferte im Studium der Milchstraße. Kein Rohr genügte dieser Aufgabe. Da die Linsen, je größer sie geschliffen wurden, um so unschärfere Bilder lieferten, baute er Spiegelteleskope, in denen ein Hohlspiegel das Bild der Sterne auffängt und in einem Brennpunkt sammelt. Immer größere Spiegel stellte er her, immer längere Rohre setzte er zusammen. Es entstanden Teleskope von unerhörten Dimensionen. 1781 entdeckte er mit seinem Rieseninstrument den Planeten Uranus, sein Ruhm drang bis zum König, der ihn zum Hofastronomen ernannte und ihm ein sorgenfreies Leben für weitere Forschungen verschaffte. Mit seinem neuen Instrument, dessen Spiegel 126 cm Durchmesser und dessen Rohr 12 m Länge besaß, »durchbrach« der ehemalige Militärmusiker *William Herschel*, wie es auf seiner Grabschrift heißt, »die Schranken des Himmels« und begründete so die moderne Fixstern- und Milchstraßenforschung.

Herschels Riesenteleskope waren die ersten Instrumente, die die Milchstraße wirklich auflösten. Er berichtet über seine erste Beobachtung der Milchstraße der Kgl. Gesellschaft im Juni 1784: »Als ich mein Fernrohr auf einen Teil der Milchstraße richtete, fand ich, daß es den weißen Nebel in kleine Sterne auflöste, was meine früheren Rohre nicht vermocht hatten. Die bewunderungswerte Zahl von Sternen aller Größe, die sich hier meinem Blick offenbarten, war in der Tat zum Erstaunen. Ich ließ während einer Stunde die Sterne der Milchstraße durch das Gesichtsfeld meines Teleskopes ziehen und vermochte nicht weniger als 50 000 einzelne zu zählen. Aber es waren gewiß doppelt so viel, von denen ich aber wegen ihrer Lichtschwäche nur einen unbestimmten Schimmer wahrnehmen konnte.« Die Zahl aller mit seinem Rohr erkennbaren Sterne schätzte Herschel auf ungefähr 30 Millionen. *Die Unzählbarkeit der Sterne, die Sternnatur der Milchstraße war bewiesen.* Auch Herschel kam zu der Überzeugung, daß das Milchstraßensystem tatsächlich eine Weltinsel aus vielen Millionen Sternen sei. Die meisten dieser

Sterne sind zu Haufen gruppiert, die in einer linsenförmigen Schicht von großer Ausdehnung und verhältnismäßig geringer Dicke verteilt sind. Zwischen diesen Haufen von Sternen schweben weite Nebelmassen von verschiedenster Gestalt. Da ihm aber seine Rohre in der Milchstraße jene mannigfachen Einzelheiten, Verzweigungen, Wolken, Schattierungen, Spalten und Öffnungen enthüllten, die wir bei der Beschreibung des Lichtgürtels erwähnten, konnte das Milchstraßensystem nach seiner Ansicht nicht die Gestalt einer regelmäßigen Linse, sondern nur die Form einer unregelmäßig verzweigten Sternenplatte besitzen, deren Umrisse er durch sorgfältige Studien zu bestimmen suchte (Abb. 6).

Auch die Stellung der Sonne in diesem System suchte er durch folgende Überlegung zu bestimmen. Da der Milchstraßengürtel uns allseitig fast in gleicher Breite erscheint, müssen wir uns ungefähr in der Mitte des Systems befinden. Die nördliche Hälfte ist etwas breiter als die südliche, also stehen wir dieser etwas näher und nicht genau im Zentrum. Außerdem schwebt die Sonne nicht ganz genau in der Mittelebene des Systems, sondern etwas nördlich über der allgemeinen Ebene der Sternhaufen.

Aber je weiter sich Herschel in die Wunder der Milchstraße versenkte, um so klarer erkannte er, daß sein Milchstraßenbild unvollkommen war und keineswegs die Mannigfaltigkeit der Erscheinungen erschöpfte. Es war seinem Wissen als Forscher und seinem Scharfsinn als Denker nicht möglich, alle Widersprüche zu bannen und alle Probleme durch ein großes einheitliches Weltbild zu umspannen. Er widerrief in späteren Jahren seine Hypothese und bekannte resigniert, daß weder Fernrohr noch Gedanke reiche, ein zufriedenstellendes Bild der Welt zu geben, und daß es einem späteren Geschlecht vorbehalten sei, das Land, das er entdeckt, in seiner wahren Gestalt zu erforschen.

Daß Herschel als erster, mit großen Instrumenten ausgerüstet, zielbewußt die Milchstraße erforschte, und ein, wie er selber gestand, ungenügende Bild ihrer Natur entwarf, reicht wahrlich nicht hin, ihm eine so führende Stellung in der modernen Wissenschaft anzuweisen, daß man ihn den »Vater der Stellarastronomie« nennt. Herschels unvergleichliches Verdienst liegt tiefer: er lehrte uns das Fernrohr für die Erforschung der Fixsternwelt und des Milchstraßengürtels anzuwenden. Herschel lehrte uns sehen.

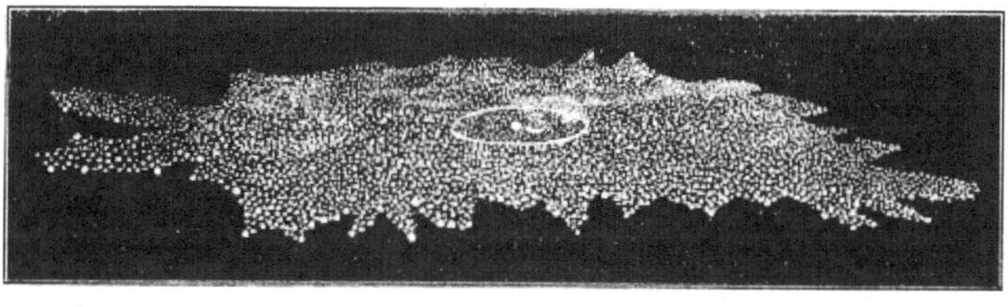

Abb. 6. Das Milchstraßensystem nach Herschel.

Das Auge des Menschen ist eine Camera obscura wie der photographische Apparat. Er besteht aus einer Linse, die das Licht der Außenwelt auffängt, sammelt, und als verkleinertes verschärftes Bild auf eine lichtempfindliche Platte, die Netzhaut, wirft. Linse und Netzhaut sind die beiden wesentlichen Teile des Auges. Das Fernrohr ist eine künstliche Linse, die sich der Mensch zur Verstärkung seiner natürlichen vor das Auge stellt. Die teleskopische Linse ist hundertmal größer, schärfer, lichtstärker. Dadurch verhundertfacht sie die Leistungen des menschlichen Auges. Während das Auge günstigenfalls 6000 Sterne am ganzen Himmel, also von einem Standpunkt aus 3000 wahrnimmt, die man nach ihrer Helligkeit in sechs Klassen von der ersten bis sechsten Größe einteilt, sieht das Fernrohr viele Millionen bis zur 12., 13. und 14. Größe. Auf einer Himmelsfläche von dem Umfang einer Mondscheibe zählte Herschel 2400 Sterne! Man sieht also im Fernrohr tatsächlich »wie Gras der Nacht Myriaden Welten keimen«.

Neben der Erkenntnis der ungeheueren Zahl der Milchstraßensterne ermöglicht das Fernrohr genaue Untersuchungen über die *Verteilung* dieser Sternheere. Herschel begann diese Untersuchungen mit seinen berühmten Sterneichungen, d. s. Auszählungen der Sterne nach Stichproben; vollendet wurden sie in unseren Tagen durch die eingehenden »Untersuchungen über die Verteilung der Fixsterne« des Münchener Forschers v. Seeliger. Diese mühevollen Studien gipfeln in dem Ergebnis, daß alle uns sichtbaren Sterne tatsächlich, wie Wright, Kant und Lambert angenommen haben, in einer flachen, linsenförmigen Scheibe, dem Milchstraßensystem, angeordnet sind. Je mehr man sich von den Polen ausgehend dem Milchstraßenäquator nähert, um so zahlreicher, dichtgedrängter erscheinen die Sterne als Zeichen ihrer Anordnung in einer großen Ebene, der Milchstraße.

Fast noch wichtiger als die Bestimmung der allgemeinen Sternverteilung ist die genaue Ortsbestimmung einzelner Sterne durch gewissenhafte Fernrohrbeobachtung, da sie allein zur Ermittlung der *Sternentfernung* führen kann. Die Kunst, das Fernrohr zu gebrauchen, sollte bald auf diesem Gebiet die schönsten Früchte reifen lassen.

Wenn wir uns in einem Eisenbahnzug durch eine Landschaft bewegen, so fliegen die Bäume und Kirchturmspitzen an uns vorbei, wobei sie sich gegen ihren Hintergrund, den Horizont, verschieben. Je ferner ein Gegenstand sich von uns befindet, umso geringer ist diese scheinbare Verschiebung. Man nennt diese scheinbare Verschiebung eines Gegenstandes gegen seinen Hintergrund bei Ortswechsel des Betrachters die *Parallaxe*. Man halte seinen Zeigefinger vor dieses Buch und betrachte ihn abwechselnd mit dem rechten und dem linken Auge. Dann verschiebt sich seine scheinbare Stellung gegen den Buchhintergrund. Aus dieser Parallaxe des Fingers kann man seine Entfernung vom Auge berechnen, wenn man den Abstand der beiden Augen voneinander kennt.

Bekanntlich steht die Erde nicht still, sondern bewegt sich in einem Kreis um die Sonne. Der Durchmesser dieser Erdbahn beträgt 300 Millionen Kilometer. Wir stehen im Frühling um 300 Millionen Kilometer von jener Stelle entfernt, an der wir uns im Herbst befunden haben. Es müssen sich demnach die Gestirne zwischen der Frühlings- und der Herbstbetrachtung gegen den Himmelshintergrund genau so verschieben, wie der Finger, den wir einmal mit dem rechten, einmal mit dem linken Auge betrachten (Abb. 7).

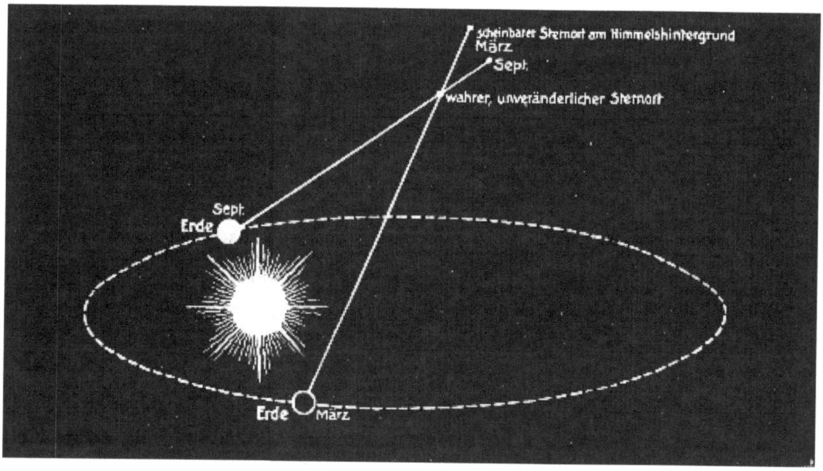

Abb. 7. Entstehung der Sternparallaxe infolge des Erdumlaufs um die Sonne.

Diese Verschiebung ist so minimal, daß sie weder Galilei noch Herschel trotz eifrigster Bemühungen feststellen konnten. Dieses gelang erst im Jahre 1837 dem berühmten Königsberger Astronomen *Bessel*, der in seiner Jugend Kaufmann gewesen war, mit einem neuen stereoskopartigen Fernrohr, dem Heliometer. Das von Fraunhofer konstruierte Heliometer ist ein so feines Instrument, daß man damit in der Entfernung eines Kilometer die Verschiebung eines Körpers um ½ mm auf das genaueste bestimmen kann. Nach jahrelanger, unverdrossener Beobachtung bestimmte Bessel die Parallaxe eines kleinen Sternes 61 im Schwan und berechnete seine Entfernung auf 80 Billionen km, d.h. auf das 500 000fache der Sonnenentfernung, die 150 Millionen km beträgt. *Die unvorstellbare Entfernung der Fixsterne war bewiesen.* Sternentfernungen zu fassen, ist Menschensinnen versagt. Wir können uns Meter und Kilometer vorstellen, aber nicht Sonnenabstände oder Sternenweiten. Die kühnste Phantasie scheitert an jedem Versuch, die Räume des Universums zu messen. Wir sind Erdensöhne und durch unsere irdische Organisation an planetarische Maße gebunden. Was jenseits dieser Erdenwelt gelegen, können wir bewundern, verehren, aber fassen können wir es nicht. Astronomische Entfernungen in Kilometer auszudrücken ist ebenso töricht wie ein Land in Quadratmillimetern zu vermessen. Fehler, die selbst Millionen dieser Einheiten betrügen, wären immer noch unbestimmbar klein. Daher hat man als Normalmaß in der Astronomie das *Lichtjahr* eingeführt. Die Lichtschwingung des Weltäthers ist die schnellste Bewegung, die wir kennen. Die Lichtwelle pflanzt sich in einer Sekunde um 300 000 km fort. Man lege seine Hand an seinen Puls und zähle. Zwischen zwei Pulsschlägen schwingt die Lichtwelle achtmal um den Erdball. Diesen Weg bezeichnet man als Lichtsekunde. Den Weg, den das Licht in einem Jahr zurücklegt, ein Jahr hat über 30 Millionen Sekunden, d.h. also 10 Millionen mal eine Million km = 10 Billionen km bezeichnet man als ein Lichtjahr und sagt, ein Stern ist 10 Lichtjahre von uns entfernt, wenn das Licht 10 Jahre braucht, um von ihm zu uns zu gelangen. 1 km verhält sich zu einem Lichtjahr wie eine Sekunde zu 60 000 Jahren. Die Entfernungen zwischen den einzelnen Sternen sind ungeheuer. Sie betragen Lichtjahre, Lichtjahrzehnte, Lichtjahrhunderte. Selbst zwischen den benachbarten Sternen einer Gruppe gähnen Räume von unheimlicher Länge und Weite, unüberbrückbar selbst für den Gedanken. Der nächste Stern ist von der Sonne über 4 Lichtjahre entfernt, ¼ Million mal weiter als sie von uns. Nur durch ein Bild kann man sich einer Vorstellung von den Maßen der Sternenwelt nähern. Denkt man sich die Erdkugel, unsere schöne große weite Erdkugel zu einer Erbse geschrumpft, so läge die Sonne 100 m von ihr als ein großer Kürbis. Läge dieses Sonnensystem in Berlin, wo würde dann das nächste Fixsternsystem liegen? Das allernächste? Draußen vor der Stadt? Oder in einem Vorort? Oder gar in Leipzig? In München? Vielleicht selbst in Rom, 1500 km weit entfernt? Nein, es läge über zehnmal weiter, 25 000 km weit, also irgendwo im Innern Australien oder in der Südsee jenseits dieses Erdteils nahe dem Südpol. Der zweitnächste Stern, um die Hälfte weiter entfernt, fände auf Erden gar keinen Raum mehr und schwebte jenseits des Gegenpols draußen im Weltraum! Wir Menschen sind Wesen auf einer Erbse, die irgendwo im Grase versteckt in Mitteleuropa liegt. Im Polareis des Südpols zwischen den gefrorenen Schollen liegt ein kürbisgroßer Stein und einige Schritte von ihm entfernt liegen wahrscheinlich einige Erbsen, das ist unsere nächste Schwesterwelt im Universum! Wenn wir seiner überhaupt fähig waren, welch trostloses Einsamkeitsgefühl müßte uns ergreifen! Welch grauenhafte Öde umschauert uns als toter kalter dunkler Raum! Was ist der Mensch im All? Wenn die Erde eine Erbse wäre in einem Raum so groß wie ein Zimmer, so wäre sie schon klein zu nennen und nicht wert, den Mittelpunkt der Welt zu bilden. Schon dann wäre es Hochmut, wenn der Mensch, der auf dieser Erbse in ganzen Völkerscharen lebt, sich für den Herrn der Welt, für die Krone der Schöpfung hielte. Eine Erbse inmitten einer großen Stadt ist schon ein Nichts, ein unauffindbares, verschwindendes Nichts, dessen Dasein oder Nichtdasein am Bilde der Stadt auch nicht einen Deut veränderte. Aber irgendwo im Grase eines leeren

Europa, vielleicht im Geröll der Alpen oder in einem Sumpfried der sibirischen Steppe oder im öden Sande der Sahara oder in den Wellen des Atlantischen Ozeans eine Erbse zu sein und auf ihr zu leben, weniger, 100 000 mal weniger als ein Bazillus – »wenn ich den Himmel anschaue, den Mond und die Sterne, was ist der Mensch, daß du seiner gedenkst, und der Menschensohn, daß du auf ihn achtest?«

Nur von den allernächsten Sternen, die naturgemäß die größte Parallaxe besitzen, sind zuverlässige Bestimmungen gelungen, so daß wir von nur ungefähr 200 der nächsten Sterne die genaue Entfernung kennen, während wir von all den übrigen Millionen nur sagen können, daß sie um ein vielfaches ferner sein müssen als diese Schwesterwelten, mit denen wir zusammen eine Sterngruppe bilden. Von den bekannten Sternen sind von uns entfernt:

Alpha Centauri, der nächste aller Fixsterne	4,3	Lichtj.
Sirius im Großen Hund	8,6	"
Prokyon im Kleinen Hund	9,5	"
Atair im Adler	14	"
Kastor in den Zwillingen	17	"
Aldebaran im Stier	30	"
Regulus im Löwen	36	"
Wega in der Leier	39	"
Kapella im Fuhrmann	40	"
Polarstern im Kleinen Bären	46	"
Pollux in den Zwillingen	57	"
Arktur im Bootes	136	"
Beteigeuze im Orion	142	"
Rigel im Orion	320	"

Man wende seinen Blick zum glänzenden Pollux*. Die Lichtwellen, die jetzt unser Auge treffen, haben vor 57 Jahren diese Sonne verlassen. Dieser Stern steht gar nicht an jener Stelle, wo wir ihn jetzt sehen, so wenig wie der Sirius oder die Kapella sich in Wirklichkeit jetzt an ihrem scheinbaren Platz befinden, sondern stand vor 57 Jahren an diesem Punkt. Als diese Ätherwellen, die jetzt unsere Netzhaut erregen, dem flammenden Chaos dieser Welt vor 57 Jahren entwirbelten, waren wir noch nicht geboren, unsere Eltern kannten sich in jener Stunde noch nicht, und während jener Strahl durch den Weltraum zu uns eilte, 57 Jahre lang in jeder Sekunde 300 000 km fliegend, wuchsen wir heran aus einer kleinen Gallertzelle, wurden wir als ein hilf- und ahnungsloses Wesen geboren, lagen wir in der Wiege, lernten wir gehen und sprechen, lesen und schreiben vom ABC und Einmaleins durch Märchenbuch und Räubergeschichte bis zu diesen Zeilen, die uns Kunde bringen von den Wundern, die uns umschwingen. Was haben wir nicht alles in dieser Zeit gesehen und gehört, erlebt und erlitten? Was ist nicht alles geschehen auf diesem kleinen Erdball in 57 Jahren! Und was auf jener Sternenwelt dort droben? Vielleicht ist sie in dieser Zeit erloschen, vielleicht zusammengeprallt mit einem dunklen Körper und in den Weltraum zerstoben, ist vielleicht vor 30 Jahren in glühenden Nebel verdampft und existiert nicht mehr. Wir aber sehen dann in dieser Stunde etwas, was gar nicht mehr ist, und werden es morgen noch sehen und in zehn und in zwanzig Jahren, und wenn die Lichtwellen, die jetzt jene Welt verlassen, in 57 Jahren unsere Atmosphäre überfluten, liegen wir längst draußen im Feld unter dem Rasen, heimgekehrt in den Allmutterschoß der Erde, und kein Sehnerv zittert mehr in unserer Augenhöhle, keine Zellfaser schwingt mehr in unserer Hirnschale in dem Gedanken von der Größe und Erhabenheit der Welt – kurz ist die Frist, die dem Menschen gegeben, zu forschen und zu fühlen, kürzer als die Spanne, die das Licht von einem Stern zum andern schwingt – carpe diem, nützen wir den Tag und die Stunde!

Die äußersten Sterne des Milchstraßensystems, deren verschwommener, zusammenfließender Schein das Milchlicht dieses Gürtels erzeugt, sind von uns 10 000 Lichtjahre entfernt. Wenn wir auf den Planeten einer solchen Sonne lebten und unsere Erde beobachten könnten, so sähen wir die Welt vor drei-, sechs-, acht-, zehntausend Jahren. Die Bewohner einer Sternenwelt in der noch mäßigen Entfernung von 3000 Lichtjahren sähen heute Griechen und Trojaner in der Ebene von Ilion kämpfen, sähen den greisen Priamus im Kreis der Alten auf der Mauer, die schöne Helena auf ihrem Ruhelager im fürstlichen Gemach, Achill grübelnd in seinem Zelte sitzen und Hektor im Kampf mit dem fallenden Patroklus. Wenn wirklich denkende Wesen uns aus dieser Ferne beobachteten – und wer will diese Möglichkeit in unserer Welt der Wunder einfach leugnen? – so sähen sie Europa als Sumpf und Urwald, bevölkert von Heiden und Barbaren, und spotten vielleicht unserer, nicht ahnend, daß auf derselben Stelle, wo sie Götzenaltäre und Göttereichen sehen, in Wahrheit schon Kuppelhallen stehen mit gewaltigen Teleskopen, elektrischen Uhren, Tabellen und Sterntafeln, und daß Menschen unter ihnen sitzen, die die Geheimnisse des Weltalls bis in tausendjährige Lichtentfernungen ergründen …

Bei den genauen Ortsbestimmungen, die zur Feststellung der Parallaxe notwendig waren, entdeckte Bessel an manchen Sternen kleine Verschiebungen, die sich nicht durch die Bewegung der Erde um die Sonne erklären ließen. Vor allem an den beiden hellen Sternen Sirius und Prokyon fielen ihm kleine periodische Bahnbewegungen auf, die er nach jahrelanger reiflicher Beobachtung und Überlegung auf die Anwesenheit unsichtbarer Trabanten zurückführte. Der Sirius sollte von einer Begleitsonne umkreist werden, die ihn in 50 Jahren umläuft und durch ihre Anziehungskraft die Störungen der Siriusstellung hervorruft. Dieser von Bessel vermutete Siriusbegleiter war aber selbst in den stärksten Fernrohren nicht zu entdecken. 18 Monate nach Veröffentlichung seiner Arbeit über den unsichtbaren Siriusbegleiter starb Bessel. Sein Nachfolger Peters führte die Untersuchungen fort und berechnete, daß dieser Begleiter augenblicklich in dem und dem Abstand an einem ganz bestimmten Punkt stehen müßte. Eine verwegene Behauptung! Einen Körper in einer Entfernung von ½ Millionen Sonnenweiten, den kein menschliche Auge sehen konnte, nicht nur zu vermuten, sondern sogar genau seine Bahn, seine Bewegungsgeschwindigkeit, seinen Standort zu berechnen! Klingt es nicht wie ein Märchen, daß ein Mensch im Dunkel nie gesehener Welten, in Fernen, die sich keine Vorstellung mehr auszudenken vermag, unsichtbare Trabanten berechnet, und mit der Bestimmtheit einer eidlichen Versicherung ihr Gewicht, ihre Entfernung, ihre Bahn und ihre Geschwindigkeit zu kennen behauptet? Wer sollte den Sternenguckern solche Phantasien glauben, zumal niemand selbst mit den immer besseren Teleskopen der folgenden Jahre diesen Begleiter zu entdecken vermochte! Aber es kam anders, als die Zweifler glaubten und die Spötter lachten. 20 Jahre nach dem Tode Bessels erprobte der berühmte amerikanische Linsengießer Clark sein neuestes Glas, richtet es auf den Sirius – und entdeckt genau an der Stelle, die Peters für dieses Jahr als Stand des Siriustrabanten angegeben hatte, ein Sternchen! Man verfolgte seinen Lauf und siehe da, es bewegte sich in 50 Jahren um den Sirius und stand in jedem Jahr an jenem Punkt, den Bessel und Peters vor seiner Entdeckung für diese Zeit berechnet hatten! Welches Wunder ist größer? Daß es Welten gibt in dieser Fülle und in diesen Fernen, die sich umkreisen wie Sonne und Planeten, oder daß auf einem dunklen Sonnenstäubchen zwischen ihnen ein Eintagswesen lebt mit einer grauen Gallertmasse in seiner Schädelschale, das die Bahnen dieser Welten bestimmt, ohne sie in ihrer Größe und Entfernung sich vorstellen zu können, ja selbst ohne sie im schärfsten Fernrohr überhaupt zu sehen?

Sterne, die mit einem anderen Stern ein kreisendes System bilden, nennt man Doppelsterne. Fast jeder dritte Stern unserer näheren Umgebung ist ein Doppelstern, so daß wir heute ungefähr 15 000 Doppelsterne kennen. Weit auseinander stehende Doppelsterne wie das Sternpaar rechts neben dem Aldebaran* kann man mit bloßem Auge als solche erkennen, die meisten aber sind erst im Fernrohr und sehr viele auch mit diesem nicht mehr zu trennen. Die Umlaufszeiten der Doppelsterne schwanken zwischen einigen Tagen und mehreren Tausend Jahren, je nach dem Abstand der Sonnen, wie ja auch die Umlaufszeiten unserer Planeten von Merkur bis Neptun zwischen 88 Tagen und 165 Jahren voneinander abweichen. Die Umlaufszeiten betragen im Doppelsystem des

Prokyon	40 Jahre
Sirius	50 "
Alpha Centauri	87 "
Kastor	997 "

Es gibt aber nicht nur Systeme von zwei Sonnen, sondern solche von 3, 4, 6, 8, 16, ja 20 Sonnen. Dicht neben der Wega in der Leier steht ein Sternsystem*, von dem ein mäßiges Auge nur ein Pünktchen sieht; ein gutes Auge sieht diesen Stern als längliche Linie; ein sehr gutes Auge erkennt zwei eng zusammenstehende Sterne 5. Größe. Schon ein kleines Fernrohr aber zerlegt jeden dieser beiden Sterne in zwei Körper, so daß wir hier ein Sternsystem von vier Sonnen vor uns haben. Der hellste Stern der Plejadengruppe,* Alkyone, ist ein vierfacher, der mittlere Deichselstern im großen Wagen Mizar* ist ein fünffacher Stern. Der Lichtschimmer des Orionnebels* unter dem Jakobstab geht von einem sechsfachen Sternsystem aus, das seiner Gestalt wegen Trapez genannt wird.

Die Entdeckung dieser Doppelsterne und ihrer Bewegungen bedeutet einen großen Fortschritt in der Erkenntnis des Milchstraßensystems. Diese umeinanderkreisenden Sonnen beweisen uns das Wirken der Schwerkraft zwischen den Sternsystemen anderer Welten. Dieselbe Kraft, die uns an den Boden unseres Planeten fesselt, die den Mond an die Erde, die Erde an die Sonne kettet, waltet droben zwischen den Sonnen der Milchstraßenferne und heißt sie umeinanderkreisen in nimmer endendem Doppellauf. *Die Doppelsterne beweisen die Einheit und Allheit der Schwerkraft im System der Milchstraße.*

Aber nicht nur dies. Die Planeten unseres Systems bewegen sich nach bestimmten Gesetzen um die Sonne, die nach ihrem Entdecker die Keplerschen Gesetze genannt werden. Die drei Keplerschen Gesetze sagen, daß die Planeten sich in Ellipsen um die Sonne bewegen, die im Brennpunkt dieser Ellipsen steht, daß die Bewegung der Planeten um so rascher wird, je näher sie der Sonne kommen, und daß ihre Umlaufszeiten in bestimmtem Verhältnis von ihrer Sonnenentfernung abhängig sind. Als man die Bahnen der Doppelsterne verfolgte, fand man, daß sie sich genau nach den Keplerschen Gesetzen wie die Planeten unseres Systems bewegen. Mit Hilfe der Keplerschen Gesetze kann man, und das haben ja die Vorentdecker des Sirius- und Prokyontrabanten getan, die Stellung jedes Doppelsterns für jeden beliebigen Zeitpunkt der Zukunft ebenso genau bestimmen, wie wir es von den Ortsbestimmungen der Planeten gewöhnt sind. *Durch diese Entdeckung ist neben der Einheit der Kraft die Einheit des Gesetzes innerhalb des Milchstraßensystems bewiesen.*

Die Planetengesetze wirken im All. Gibt es aber auch Planeten, die ihnen folgen? Werden die Sonnen von dunklen Körpern umkreist wie unsere?

Es gibt dunkle Sterntrabanten. Rechts abseits von der hellen Sternlinie des Perseus steht ein einzelner auffälliger Stern 2. Größe, Algol*. Dieser Stern wechselt seine Lichtstärke. Zwei Tage 20 Stunden 48 Minuten 53 Sekunden ist er hell, dann sinkt sein Licht innerhalb 4½ Stunden von der 2. auf die 4. Größe, so daß er ein unscheinbares Pünktchen wird, verharrt 18 Minuten in dieser Lichtschwäche, um danach wieder in 4½ Stunden zur gewöhnlichen Helle anzusteigen. Derartige »Algolsterne« kennt man über 50, und jährlich werden neue Vertreter dieses Algoltypus entdeckt. Das charakteristische für die Algolsterne liegt in der astronomischen Pünktlichkeit ihrer Periode. Mit derselben Genauigkeit, mit der sich eine Sonnenfinsternis für 100 und für 1000 Jahre voraussagen läßt, kann man von jedem Algolstern die Zeiten seiner Verdunkelungen auf die Sekunde vorhersagen, so daß es keinem Zweifel unterliegt, daß wir hier tatsächlich die Verfinsterungen von Sonnen durch dunkle Begleiter wahrnehmen (Abb. 8). Alle Algolsterne sind Sonnen, die von dunklen Trabanten umkreist und verfinstert werden. *Die Algolsterne beweisen die allgemeine Existenz von Planeten um die Sonnen des Milchstraßensystems.*

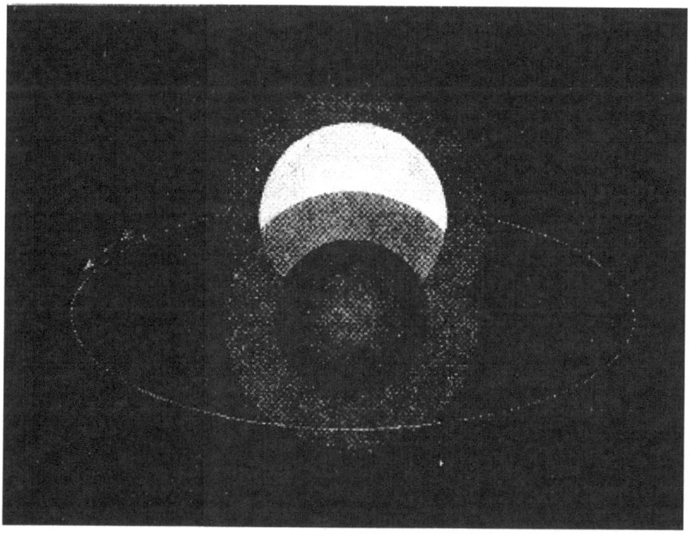

Abb. 8. Das Algolsystem im Augenblick der größten Verfinsterung.

Natürlich können wir nur große und den Sonnen nahe Planeten wahrnehmen, denn nur solche können eine merkliche Verfinsterung verursachen. Ein Planet von der Größe und der Sonnenentfernung der Erde, der sich zu seiner Sonne verhält wie einer dieser hier gedruckten Lettern zur ganzen Buchseite und dabei von dieser Seite noch 30 m entfernt wäre, kann keinen verdunkelnden Schatten durch den Weltraum werfen. Außerdem können nur solche Planeten nachgewiesen werden, deren Bahn in der Blickrichtung gelegen ist, also von uns aus gesehen an der Sonnenscheibe vorbei und nicht daneben oder darüber hinwegzieht, da sonst von uns keine Verfinsterung beobachtet werden kann. Infolge ihrer Größe und Sonnennähe leuchten diese Planeten vom Algoltypus meist noch selbstständig. Wenn es aber große leuchtende sonnennahe Planeten gibt, die nach den Keplerschen Gesetzen ihr Zentralgestirn umkreisen, so gibt es auch ganz gewiß kleinere kalte und sonnenferne Planeten, wie wir sie in unserem System sehen und wie einer von ihnen unsere Erde ist; und um diese Planeten schwingen ganz gewiß Ringe und Monde wie um Erde, Mars und Saturn. So erhebt uns die Kenntnis der Algolsterne abermals um eine Stufe auf der Leiter der Milchstraßenerforschung. Blicken wir empor zu den Sternen, die uns zu Häupten glühen und die zu Myriaden zusammengedrängt den Schimmer der Milchstraße zu uns niedersenden – jeder einzelne von ihnen ist eine Sonne, umkreist von Trabanten, eine Welt von Planeten und Monden, von denselben Kräften, denselben Gesetzen beherrscht wie unsere, und so weitet sich uns der Anblick des sternbesäten Firmaments zu einem Gedanken von überwältigender Größe und Erhabenheit, während andererseits vor dem geistigen Auge des Weltbetrachters unser großgewaltiges harmonisches Sonnensystem mit all seinem Reichtum an Licht, Farben, Körpern und Leben abermals schrumpft, zusammenschrumpft zu einem Pünktchen im All, einem Lichtfünkchen in dem großen leuchtenden Sonnenkranz der Milchstraße.

Auf allen Lippen schwebt an dieser Stelle eine Frage: sind diese Welten auch bewohnt wie unsere? Wir wissen es nicht. Wie könnten wir auch aus diesen Weiten, in denen ganze Welten Punkte werden, ein Lebenszeichen erwarten? Aber es gibt ein höheres als das verstandesmäßige Wissen, das uns Instrument und Zahlenreihe vermitteln, das ist der Gedankenschluß der Vernunft. Dieselbe Vernunft, die Demokrit und Giordano Bruno, Wright, Kant und Lambert geleitet und ihrem Seherauge die Welt in jenem Lichte offenbarte, in dem sie sich Jahrhunderte später unseren Instrumenten enthüllte, dieselbe Vernunft läßt uns mit Giordano Bruno schwören, daß es unzählige bewohnte Welten gibt. Anzunehmen, daß unsere Erde, dieses dunkle unsichtbare Sonnenstäubchen, dieses Nichts im System der Milchstraße einzig und allein belebt sei, während jene 100 Millionen andere Sonnensysteme, jene Milliarden andere Planeten der Milchstraße, die alle aus den gleichen Stoffen und in den gleichen Größen wie unsere Welt gebaut sind, von denselben Kräften und denselben Gesetzen gelenkt werden wie diese, unter den gleichen Bedingungen sich entwickeln, daß alle diese tot und öde wären, zu nichts und abernichts kreisten, als allein um unsere Nacht zu schmücken, dieses anzunehmen, verlangte einen Mut, den man nur als Hochmut bezeichnen kann. Der Schimmelpilz, der in einem dunklen Honigtopfe wuchert und sich für das einzig lebende Wesen auf der Erde erklärt, ist weniger anmaßend als der Mensch, der sich zum Alleinbewohner des Universums proklamiert. Was nützen uns alle Wissenschaften, was alle Zahlen mit 10 Nullen, alle Teleskope mit ihren Schrauben und Hebeln, alle Kenntnisse des Weltenbaues, wenn wir nichts *lernen*!? Kopernikus und Kepler, Newton und Herschel hätten umsonst gelebt, wenn wir uns in dieser höchsten aller Fragen, in der Lebensfrage zurückbegäben auf den geistigen Standpunkt des Ptolemäus, der das Weltall um die Erde kreisen läßt. Hüten wir uns, daß wir nicht groß sind in Taten und klein in Gedanken. Kühn wie das Fernrohr und zielsicher wie die Rechnung des Astronomen sei unser Geist und füge sich den Wundern, die die Wissenschaft entdeckt: wenn die Sonne ein Stern ist unter Legionen von Sternen gleicher Art, unser System eine Welt unter ungezählten Schwesterwelten, die Erde ein Planet unter Milliarden ähnlicher Planeten, dann sind auch wir ein Volk unter Völkern, eine Blüte am großen Stamm des Lebens, der sich durch den Sonnengarten des Universums rankt.

»Aus allewigem Grün des Frühlings steigt der Lebensbaum empor;Milchstraß' und Plejaden reichen diesem Baum zur Leiter nicht.«

Wenn die Milchstraße wirklich ein großes Sternsystem darstellt, in dem die Schwerkraft wirkt, müssen sich alle Glieder dieses Systems gegenseitig anziehen – und bewegen. Dann können die Gestirne keine Fixsterne, Haftsterne sein, angeheftet an das Himmelsdach wie die Glühbirnen an die Decken unserer Zimmer, sondern müssen Sonnen sein, die im Raume schweben wie die unsere und der Schwerkraft unterliegen, sich in Bahnen bewegen wie Planeten, Planeten jenes einzig wahren großen Sonnensystems, dessen Sternenfülle uns als Milchstraßengürtel nächtlich umschimmert.

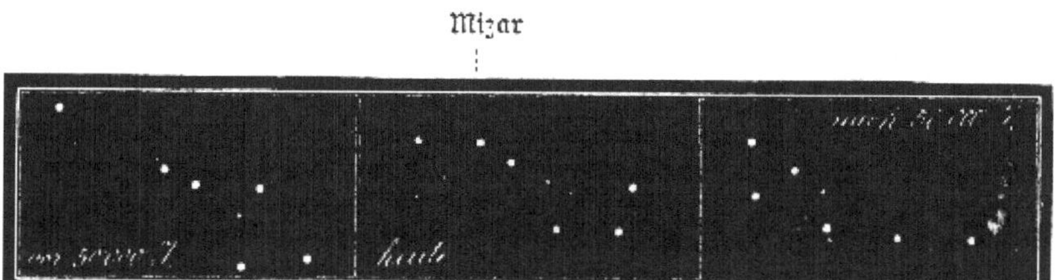

Abb. 9. Der große Wagen vor 50 000 Jahren, heute und in 50 000 Jahren.

Als im Jahre 1718 der berühmte Kometenberechner Halley die Sternkarten seiner Zeit mit denen des Altertums verglich, bemerkte er, daß der Stern Aldebaran sich um ⅕, Arktur um 1½ und Sirius sogar um 2 Vollmondbreiten von ihrem Standpunkt vor ungefähr 2000 Jahren entfernt haben müßten. Diese erste Bemerkung von Sternortsveränderungen wurde später durch mehrere Forscher bestätigt. Die Sterne sind kein »festgenagelt unbeweglich Heer«, sondern bewegen sich. Natürlich ist diese Sternbewegung nicht unmittelbar zu verfolgen. Die kurze Spanne eines Menschenlebens von 70 Jahren reicht nicht aus, die Ortsveränderungen eines Sternes zu bemerken, so wenig 70 Sekunden genügen, um die Bewegung eines Schiffes am Horizont festzustellen, selbst wenn es in voller Fahrt dahinsegelt. Wenn Aristoteles aus seinem Todesschlaf erstünde und den Himmel anschaute, würde er an seinem falschen Lehrsatz von der ewigen Unveränderlichkeit des Himmels festhalten. Das Bild des Orion, die Plejaden und der Große Bär würden ihm in derselben Stellung erscheinen, die er vor 20 Jahrhunderten sich einprägte. Würde er dagegen den Himmel nach 20 Jahrtausenden wieder erblicken, so böte sich ihm ein völlig verändertes Bild, und der große Forscher des Altertums würde des Satzes belehrt, den wir mit unseren Instrumenten als unwiderlegliche Tatsache erkannt haben: *alle Sterne bewegen sich*. Der große Himmelswagen konnte ebensowenig vor 50 000 Jahren in der Urzeit als ein Wagen gelten wie nach 50 000 Jahren in der Zukunft, denn seine Sterne streben gruppenweise in verschiedener Richtung auseinander (Abb. 9). Der Sirius bewegt sich in je 1500 Jahren um eine scheinbare Vollmondsbreite von seinem Standort und würde demnach in 1 Million Jahren den ganzen Himmel umkreist haben. Die größte im Bild festgehaltene Sternverschiebung zeigt der Stern 1830, der sich zwischen den Jahren 1800 und 1900 um ¼ Vollmondsbreite gegen das benachbarte Sternenpaar verschoben hat (Abb. 10). Als man die Sterne in der Umgebung dieses Objektes untersuchte, stellte man eine auffallend ähnlich starke Eigenbewegung an den beiden benachbarten Sternen 21 258 und 21 185 fest. Man verfolgte die Richtungen, aus denen diese drei schnellfliegenden Sterne kommen, und fand zur großen Überraschung, daß sie von einem gemeinsamen Punkt nach verschiedenen Seiten auseinanderstreben wie die Splitter einer explodierten Granate. Sind sie vielleicht Weltensplitter einer Sonnenexplosion?

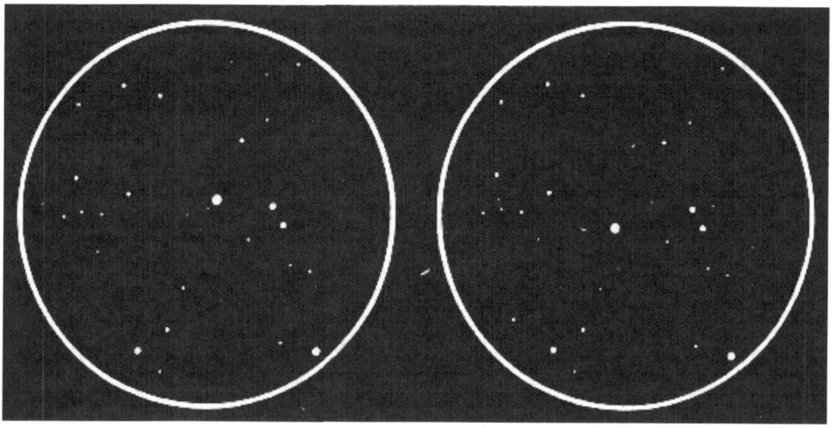

Abb. 10. Ortsverschiebung des Sternes 1830 zwischen den Jahren 1800 und 1900.

Wir wissen es nicht. Aber wir sehen hier drei Weltkörper in einer Bewegung, die mit größter Wahrscheinlichkeit *eine* treibende Ursache besitzt. Wir sehen hier drei Sterne in einer offenbaren *Gruppenbewegung.* Diese Beobachtungen regten die Forscher an, auch die Sonnen der großen Sterngruppen Plejaden*, Hyaden*, Haar der Berenice* auf ihre Eigenbewegung zu untersuchen. Wie erstaunt war man, als man in der Tat an diesen großen Sterngruppen einheitliche Bewegungen entdeckte! Die fünf mittleren Hauptsterne des Großen Bären bilden nicht nur eine scheinbare, sondern tatsächlich zusammengehörige »Bärenfamilie«. Ihre durchschnittliche Entfernung von uns beträgt 6 Millionen Sonnenweiten = 100 Lichtjahre. Auch untereinander ist ihr Abstand trotz ihrer Zusammengehörigkeit noch gewaltig. Der äußerste Stern Merak in der rechten unteren Ecke des Vierecks ist von Mizar in der Deichsel viermal weiter als der Sirius von uns entfernt, und das Licht braucht zum Durcheilen dieser Strecke 30 Jahre. Trotzdem verraten diese Sterne durch Übereinstimmung ihrer Entfernung, Größe, Farbe, Temperatur, stofflichen Beschaffenheit und Bewegung ihre unzweifelhafte Zusammengehörigkeit. Sie bewegen sich sämtlich mit der gleichen Geschwindigkeit in der Richtung auf den Stern Wega* in der Leier und legen auf diesem Sonnenlauf jährlich 600 Millionen Kilometer zurück. Weniger schwer als bei dieser ausgedehnten Sternfamilie läßt sich die Zusammengehörigkeit jener eng gedrängten Sonnen verstehen, die wir als die bekannten Sternhaufen Plejaden, Krippe und Hyaden am Himmel erblicken. 45 von den 150 helleren Sternen der Plejaden* besitzen neben gemeinsamer Entfernung, Größe, Temperatur und Stoffbeschaffenheit eine gemeinsame Eigenbewegung, an der sich von den mit bloßem Auge sichtbaren Sternen Elektra, Atlas und das Alkyonesystem beteiligen. Fast noch auffälliger ist die gemeinsame Bewegung der benachbarten Hyadengruppe im Stier rings um den Hauptstern Aldebaran.

Ihre Entfernung von uns beträgt ungefähr 120 Lichtjahre. Zeichnet man die Bewegung dieser Sterne auf, so laufen alle Richtungslinien in einem Punkt des Fuhrmanns zusammen (Abb. 11). Eilen diese Sterne unaufhaltsam einer Katastrophe entgegen? Werden sie eines Tages an diesem Punkt zusammenprallen und das Firmament durch einen ungeheuren Weltbrand entflammen? Nein. Diese Sterne entfernen sich von uns und laufen auf diesem Wege parallel nebeneinander her wie die Gleise einer Eisenbahn, und wie die Schienen scheinbar in der Ferne zusammenlaufen, während sie in Wahrheit in immer gleichem Abstand bleiben, so scheinen die Hyaden auf ihrem Lauf in die Himmelstiefe zusammenzuströmen, während sie in der Tat nur in einer Richtung nebeneinander eilen. Um 40 km entfernen sie sich in jeder Sekunde von uns, enger und enger für unsere Blicke zusammenströmend wie die roten Lichter eines enteilenden Zuges. In 50 000 Jahren haben sie sich um die Länge der eingezeichneten Pfeile bewegt, in 50 Millionen Jahren ist die ausgedehnte Gruppe für uns in der Weltraumferne zusammengeschrumpft zu einem winzigen Haufen, in dem nur das Fernrohr kleinste Sterne 10. Größe wahrnimmt – für immer verschwunden wie ein Zug von Vögeln, der sich im Blau der Ferne als Punkt verliert. Nicht sehr fern von den Hyaden steht eine Sterngruppe, Praesepe oder Krippe* genannt. Zehn Sterne dieser Gruppe stimmen in der Richtung ihrer Bewegung, in ihrer Schnelligkeit, ihrer physischen Beschaffenheit, Temperatur und Größe so vollkommen mit den Hyadensternen überein, daß an einer inneren Verwandtschaft zwischen den Sternen dieser beiden Gruppen wohl kaum ein Zweifel bestehen kann. Leider gestattet die Lückenhaftigkeit unserer Kenntnisse uns heute noch nicht einmal eine Wahrscheinlichkeitshypothese über das Wesen der Verwandtschaft zwischen diesen beiden hervorragenden Sternfamilien.

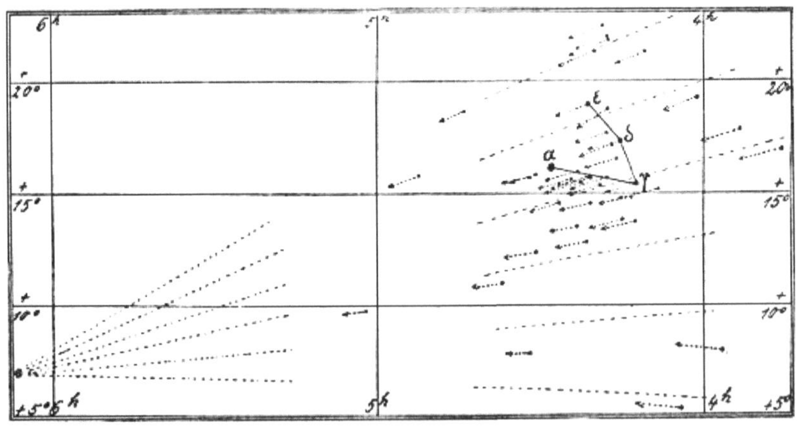

Abb. 11. Gruppenbewegung der Hyaden. Die Länge der Pfeile gibt die Ortsveränderung in 50 000 Jahren an.

Diese Gruppenbewegungen der Sterne offenbaren uns ein neues Prinzip in der Mechanik der Milchstraße: *es herrscht Ordnung im Milchstraßensystem und in den Bewegungen seiner Sonnen.* Die Sterne sind nicht regellos wie der Sand am Meer verstreut, die Schwerkraft treibt sie nicht wahllos durch den weiten Plan. Sie sind geordnet zu Paaren und Familien, sie bewegen sich in Gruppen und Zügen, wie Zugvögel fliegen sie durch das All. Angesichts dieser Gruppenbewegungen fühlen wir das Wirken sonnenordnender Mächte und weltbeherrschender Gesetze, uns durchweht ein Ahnen vom »Kosmos«, vom großen Schmuck des Alls, von der Weltenordnung des Universums. Aber die Grenzen dieses Wissens und Gefühls sind beschränkt. Alle jene Sterne, deren Gruppenbewegung wir verfolgt, sind unsere Nachbarwelten, sind Glieder jenes kleinen im Ring der Milchstraße verschwindend kleinen Haufens, in dessen Mitte unsere Sonne sich befindet. Was wir über die Bewegung dieser helleren Sterne erfahren, betrifft immer nur das Leben dieser kleinen Sternenfamilie von einigen hundert Sternen und nicht den großen millionenzähligen Sonnenstrom der Milchstraße. Um die allgemeine Sternbewegung im System der Milchstraße zu ergründen, müßten wir die Ortsverschiebung all jener unzähligen kleinsten und feinsten Lichtpünktchen, deren Herschel Tausende auf dem Raum einer Vollmondscheibe zählte, erforschen, müßten wir den Sternort jedes dieser Sonnenfünkchen, deren Gesamtlicht uns als Milchschimmer entgegendämmert, aufs genaueste bestimmen. Ein aussichtsloses Unternehmen! Welcher Menschenfleiß könnte diese Scharen bannen? Eine Armee von Astronomen müßte dieser Riesenarbeit ihr Leben opfern. Ganze Batterien von Teleskopen müßten gegen die Milchstraße aufgefahren werden. Und auch dann wäre es unmöglich, sich mit Menschensinnen ohne Irren zurechtzufinden in dem Lichtgeflimmer dieser dichtgedrängten Legionen. Wer kann die Tropfen zählen, die aus Wolken fallen, wer die Flocken berechnen, die im Schneegestöber wirbeln? Der Mensch hätte bedingungslos auf die Erfüllung dieses Wunsches verzichten müssen, wenn es ihm nicht gelungen wäre, der Erfindung des Fernrohrs, das ihm diese Wunder enthüllte, eine zweite hinzuzufügen, die ihm diese Wunder festhielt: die *Photographie.*

Die photographische Kamera kann man das dritte Auge der Menschheit nennen. Sie ist ein echtes Auge. Sie besteht aus einem Augenkasten, der wie der menschliche Augapfel schwarz ausgekleidet ist, einer Linse wie die menschliche Linse und einer lichtempfindlichen Tapete wie die Netzhaut unseres Augenhintergrundes. Genau wie das menschliche Auge stellt sich dieses dritte Auge ein auf nah und fern. Aber es übertrifft das Menschenauge in der verschiedensten Weise. Das menschliche Auge besitzt nur einen Momentverschluß. Es nimmt nur Augenblicksbilder von jedem Punkt auf. Bei scharfer Einstellung auf einen Punkt ermüdet es nach wenigen Augenblicken und liefert nunmehr nur noch verschwommene Bilder. Das photographische Auge arbeitet mit Zeitaufnahmen. Es sieht 10 Minuten, 10 Stunden. Je länger es offen steht, desto mehr sieht es. Es blickt 5 Tausendstel Sekunden hin und sieht die 20 hellsten Sterne erster Größe. Es blickt 10 Tausendstel Sekunden und sieht die 50 Sterne 2. Größe. Es schaut 30 Tausendstel Sekunden und erblickt 200 Sterne 3. Größe. Es öffnet sich 1 Zehntel Sekunde und bannt 600 Sterne 4. Größe auf seine künstliche Netzhaut. Nach 2 Zehntel Sekunden gibt es uns das Bild von 1200 Sternen 5. Größe und nach 5 Zehntel Sekunden das von 4000 Sternen 6. Größe. Wir sind an die Grenze dessen gelangt, was das menschliche Auge unbewaffnet sieht. Eine Sekunde braucht das photographische Auge, um die Sterne 7. Größe, 3 Sekunden, um die der 8. Größe, 8 Sekunden, um die der 9., 20 Sekunden, um die Sterne 10. und 30 Sekunden, um die Sterne 11. Größe, die in der Entfernung von 1000 Lichtjahren leuchten, festzuhalten. Nach 2 Minuten sieht es alle Sterne der 12., nach 5 Minuten alle Sonnen 13. Klasse. In 13 Minuten hat es 44 Millionen Sterne 14. Klasse erfaßt, in 33 Minuten 134 Millionen 15. und in 80 Minuten 400 Millionen Sterne 16. Größe. Die drei Bilder der Abb. 12 illustrieren die Sehkraft des photographischen Auges. Das unbewaffnete Auge sieht an dieser Stelle nur den Stern Deneb*. Im Fernrohr nimmt es noch die Sterne des oberen Feldes wahr, die photographische Platte erblickt in vier Stunden die Sterne des mittleren und in 13 Stunden die Sterne des unteren Feldes.

Da die photographische Platte außerdem im Gegensatz zum menschlichen Auge für die unsichtbaren ultravioletten Strahlen sehr empfindlich ist, sieht die Camera obscura Tausende von Sternen ultravioletter Farbe, die das Menschenauge selbst in phantastisch großen Teleskopen nie erblicken könnte.

Das photographische Auge sieht also mehr. Es sieht aber auch ohne Fehler. Es fälscht nicht wie der menschliche Sehapparat. Wenn ein Astronom einen Sternort bestimmt, muß er das Bild von seiner Netzhaut in die Sehsphäre des Großhirns, von hier ins Muskelerregungszentrum leiten, von hier durch die Nervenbahnen des Rückenmarks in die Handmuskeln schicken, die das Bild des Sternes in ein vorgedrucktes Netz eintragen. Wieviel Fehler können und müssen sich auf diesem mehrfachen Schaltweg einschleichen? Das photographische Auge kennt keine Umschaltung. Es vereinigt auf seiner Netzhaut Sehen, Erfassen und Zeichnen. Was es sieht, hat es schon erfaßt, und was es erfaßt hat, ist schon in seinem Bilde eingezeichnet. Es hält das Bild da fest, wo es physikalisch in Wirklichkeit erscheint. Jedes Pünktchen, und sei es das kleinste, steht an seiner Stelle und keinen Deut daneben.

Das photographische Auge arbeitet schneller. In einer Stunde entwirft es eine Himmelskarte, zu deren Anfertigung ein Astronom ein Jahr gebraucht. Während nämlich das menschliche Auge zu einer Zeit nur eine Stelle scharf erkennen kann, das menschliche Hirn nur eine Ortsbestimmung übernehmen, die menschliche Hand nur eine Sternzeichnung ausführen kann, sieht das photographische Auge zu gleicher Zeit 1000 Sterne und zeichnet alle 1000 in Sekunden auf die Platte ein. Jedes Bromsilberkörnchen in der Gelatineschicht einer Platte ist ein Auge, ein Hirn, eine Hand für sich, ist ein Mensch, der für uns sieht, denkt und zeichnet, und eine einzige unscheinbare gelbe Platte ersetzt die Arbeitskraft einer ganzen Warte. Die Photographie hat durch den automatisch technischen Betrieb das Maschinentempo in die Himmelsforschung eingeführt.

Das photographische Auge besitzt eine grenzenlose Erinnerung. Während der Eindruck eines Bildes auf der menschlichen Netzhaut verblaßt, sobald der Lidverschluß sich senkt, und von nun an immer mehr verwischt, so daß ein Bild, das nicht sofort übertragen wird, schon nach Minuten für alle Zeit verloren ist, bewahrt die photographische Platte den Eindruck des Moments für alle Zukunft. Was es in der Nacht gesehen, enthüllt das photographische Auge am Tage, was es in den Tropen erschaut, erzählt es ohne einen Schattenhauch zu lügen nach einem Jahr in London und Paris. Ehedem mußte der Astronom in Nacht und Kälte an dem Fernrohr sitzen, Stern für Stern aufsuchen, einstellen, ausmessen, berechnen und einzeichnen. An einem anderen Abend mußte er diese Arbeit genau so wiederholen, um die Ergebnisse zu kontrollieren und bei Entdeckung von Fehlern zum dritten Male ausführen. Und heute? Am hellen Tage bei Wolkenhimmel und Nebelatmosphäre werden alle Vorbereitungen für eine Sternphotographie erledigt. Man erwartet die Nacht, prüft den Stand des Rohres, ein Hebeldruck, das photographische Auge öffnet sich, blickt stumm in Finsternis, die Menschenaugen nichts enthüllt, stumm schließt es sich – tausend Sterne sind fixiert.

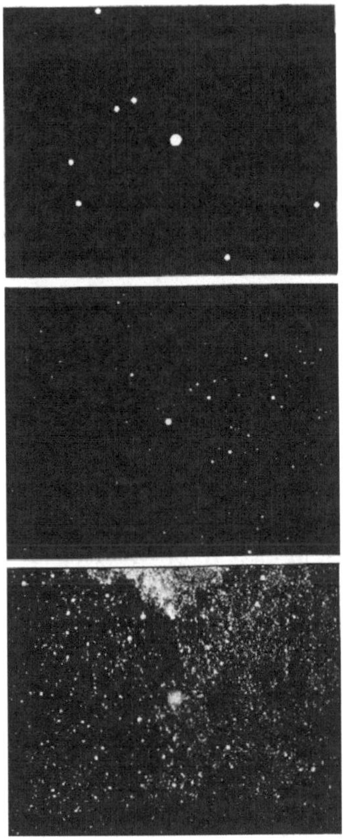

Abb. 12. Die Gegend des Sternes Deneb, wie sie sich 1. dem Auge. 2. der photographischen Platte nach vier Stunden, 3. nach 13 Stunden offenbart.

Nur dem photographischen Auge verdanken wir die Erfüllung eines Wunsches, der vor 100 Jahren einem Herschel und selbst vor 50 noch einem Argelander als märchenhafter Traum erscheinen mußte und für die Milchstraßenforschung ein Ereignis ersten Ranges bedeutet: die Anfertigung einer Himmelskarte, in der alle Sterne bis zu den kleinsten hinab aufs genaueste eingezeichnet sind. Im Jahre 1887 trat in Paris ein internationaler Astronomenkongreß zusammen, der die Ausführung einer photographischen Himmelskarte beschloß. Die Aufgabe, nach festgelegten Grundsätzen mit einem bestimmten Instrument den ganzen Himmel photographisch aufzunehmen, wurde verteilt unter die Sternwarten Greenwich, Oxford, Helsingfors, Potsdam, Paris, San Fernando, Tacubaya, Perth, Kapstadt, Sidney, Melbourne, Santiago, Hyderabad, Kordoba und La Plata. Jede Sternwarte hatte eine Himmelszone zu photographieren und zwar in zwei Serien. Sie hat 1200 Aufnahmen von 5 Minuten und 1200 von 50 Minuten Belichtungsdauer anzufertigen. Die kurzen Aufnahmen, die 400 000 Sterne bis zur 11. Größe festhalten, werden zu einem Katalog vereinigt, die langen Aufnahmen, die über 3 Millionen Sterne fixieren, sind für einen Himmelsatlas bestimmt. Jede Platte umfaßt den 10 313. Teil des Himmels. Dadurch, daß die Ecke jeder folgenden Platte mit dem Mittelpunkt der vorhergehenden zusammenfällt, ist jeder Stern auf zwei verschiedenen Platten aufzufinden, wodurch vorkommende Plattenfehler aufgedeckt und ausgeschaltet werden. Im ganzen werden 40 000 Platten angefertigt, die in Paris gesammelt und mit besonderen Meßapparaten ausgemessen werden.

Gerade in unseren Tagen geht dieses Gigantenwerk seiner Vollendung entgegen. Nicht das Werk eines Mannes, nicht die Tat eines Volkes, nicht die Leistung eines Kontinents, hier wird ein Menschheitswerk vollbracht. Länder überbrücken ihre Grenzen, Völker reichen sich die Hände, Antipoden grüßen sich. Über den Dächern von Paris, in den Ebenen Schottlands, an Spaniens südlichster Küste, am Kap der guten Hoffnung, am Abhang des südamerikanischen Hochgebirges, auf den Mauern indischer Festen, an den Küsten des 5. Erdteils in der Südsee – überall richten sich die Rohre gegen den Himmel, öffnen sich die stummen Augen der Camera obscura, und ihr Blick bannt auf die gläserne Netzhaut für alle Zeit das Bild der Sterne, wie es sich der Menschheit um die Wende des 20. Jahrhunderts darbot. Schon der Geist, der über diesem internationalen Friedenswerke liegt, ist erhebend, und um seinetwillen ist es die Mühe wert. Menschen, die sich nie gesehen, nie voneinander gehört, ihre Sprache nicht verstehen, einen sich zu gemeinsamem Tun, dienen einer Idee; widmen ihre Arbeitskraft, ihre Lebensideale einem Werk, an das sich nie der Name derer knüpft, die es verwirklicht, von dem die Schaffer nicht einmal den Lohn genießen werden. Denn die photographische Himmelskarte ist ein Werk der Zukunft. Die Astronomen, die heute den Himmel photographieren, handeln selbstlos wie jener Greis, der Bäume pflanzte, damit die Enkel Schatten und Früchte genießen. Sie selbst pflücken nicht die Früchte ihrer Arbeit. Aber die Saat, die sie ausstreuen, verheißt den Enkeln eine reiche Ernte. In 50 Jahren nämlich wird man die photographische Himmelskarte wiederholen, und dann wird jede noch so geringe Verschiebung auch der kleinsten und letzten Sternchen aufs genaueste festgestellt werden. Nach der Neuauflage der internationalen Himmelskarte in einem halben Jahrhundert wird man die Eigenbewegungen nicht von hundert, sondern von 100 000 Sternen feststellen können, und einen, wenn auch infolge der kurzen Zeitspanne nur allgemeinen, so doch umfassenden Einblick in das Wesen der Sternbewegungen innerhalb der Milchstraße gewinnen.

Bei aller Großartigkeit gibt uns die photographische Maßmethode doch nur ein einseitiges Bild von den Bewegungen im Weltall. Sie unterrichtet uns nur über die seitlichen Verschiebungen der Sterne in der Bildfläche, über die Sternbewegungen in der Bildtiefe, in der Blickrichtung gibt sie uns keinen Aufschluß. Der einfache Verstand kann sich keine einzige Methode ausdenken, die uns über die Annäherung oder die Entfernung der Sterne Aufschluß zu geben vermöchte. Jeder dieser Sterne ist ein Pünktchen, seit Jahrtausenden unverändert, und er müßte um ein Zehntel, um ein Viertel, um die Hälfte seines ungeheuren Abstandes näher oder weiter rücken, müßte also in viel tausend Jahren phantastisch große Strecken zurücklegen, ehe wir an der Zu- oder Abnahme seiner Helligkeit die Richtung seiner Bewegung erkennen könnten. Und wenn wir selbst durch irgendeinen wunderbaren Apparat die Richtung dieser Bewegung in kurzer Zeit feststellen, könnten wir jemals hoffen, die Geschwindigkeit dieser Bewegung zu erfahren? Könnten wir nicht eher glauben, daß die Träume Jules Vernes von der Mondfahrt und der Reise ins Zentrum der Erde Wahrheit würden, als daß wir sagen können, der Sirius nähert sich uns in jeder Sekunde um 7 km, Aldebaran dagegen entfernt sich von der Erde mit einer Sekundeneile von 50 km? Müßten dazu nicht Märchen Wahrheit werden?

Diese Märchen sind Wahrheit geworden. Zwar kümmert sich die große Welt nicht um diese Wunder, weiß nichts von ihnen. Seit jeher war es so der Lauf der Dinge, daß Marktgeschrei und Tagessensation die Menschen locken. Vor einem neuen Gauklertrick jauchzt das Parterre, vor einem neuen Lichteffekt staut sich die Menge, ein neuer Sportrekord begeistert das Publikum, und das Wunder sucht man in Bühnenromantik und am Spiritistentisch. Einen altrömischen König nicht zu kennen, die Jahreszahl eines Kreuzzuges nicht zu wissen, den Roman des neuesten Tagesdichters nicht gelesen zu haben, schämt sich der »Gebildete«. Aber am wahren Wissen, an den wahren Wundern geht die Welt vorüber. Denn die wahren Wunder sind stumm und bescheiden.

Das Fernrohr ist die künstliche Linse, die photographische Platte die künstliche Netzhaut der Menschheit. Sie sind nichts anderes als Verbesserungen unseres natürlichen Sehapparates. Sie erschließen uns nichts neues, unbekanntes, sondern verstärken nur die beiden Grundfähigkeiten unseres Auges: mit der Linse Licht zu sammeln und ein Bild zu entwerfen, mit der Netzhaut dieses Bild aufzunehmen und festzuhalten. Das dritte Instrument des Astronomen aber bereichert uns um eine ganz neue Anschauungsmöglichkeit, es schenkt uns ein neues Organ, gleichsam einen sechsten Sinn. Es eröffnet uns eine ganz neue Welt, sozusagen eine vierte Dimension. Dieses neue Weltbetrachtungsorgan ist das *Prisma.*

Jeder kennt das Prisma oder den Dreikant. Zu Dutzenden hängt es an den alten Kronleuchtern und hat uns schon als Kind Freude gemacht durch die Buntheit seiner Lichter. Jede geschliffene Spiegelkante ist ein Prisma. Der Kristallschliff unserer Vasen und Schalen zerlegt die glatte Glasfläche in lauter kleine Prismen. Jeder Diamant ist in seinem Schliff ein vielfaches Prisma.

Das Prisma ist das Gegenteil der Linse. Die Linse ist rund, glatt und strebt nach Breite und Wölbung. Das Prisma ist eben, eckig und strebt nach Kante und Spitze. Die Linse sammelt das Licht zu einem Punkt, das Prisma breitet es aus zu einem Band. Wenn man den Lichtstrahl mit einem Zentimeterband vergleicht, so kann man sagen: die Linse rollt dieses Band zusammen, das Prisma rollt es auseinander. Diese Fähigkeit des Prismas, Lichtbündel bandartig zu entfalten, ist den Organismen fremd. Wenn es Menschen gäbe, die Fernrohrlinsen in den Augen und photographische Platten als Netzhaut trügen, so würden sie die Welt genau so sehen wie wir. Wenn es aber Menschen gäbe mit Prismen statt Linsen im Auge, so würden sie ein völlig neues Bild der Welt erhalten. Sie würden alle Dinge statt verkleinert und zu Bildern zusammengedrängt, auseinandergezerrt und zu bunten Bändern entfächert sehen. Welch anderes und doch auch wiederum naturgetreue Bild würden jene Wesen mit Prismenaugen von der Welt erhalten! Wie anders würden sie die Welt erforschen und beurteilen!

Da wir von Natur aus nicht gewohnt sind, mit Prismen statt mit Linsen zu sehen, so sind uns seine Eigenschaften nicht so vertraut und ohne gewisse Vorkenntnisse über die Natur des Lichtes nicht verständlich. Das Licht fassen wir als eine Wellenbewegung des Weltäthers auf. Der Weltäther ist ein unendlich feiner Stoff mit einzigartigen Eigenschaften, der das ganze Weltall von den kleinsten Zwischenräumen zwischen den einzelnen Atomen bis zu den Räumen zwischen den Sternen ausfüllt. Entsprechend seiner Feinheit – er soll 15 Trillionen mal leichter sein als die Luft, – pflanzen sich die Wellen dieses Äthers unvorstellbar schnell fort, und zwar mit der Geschwindigkeit von 300 000 km in der Sekunde. Aber nicht alle Lichtwellen sind gleich lang. So wie ein großer Dampfer größere Wasserwellen von sich wirft als ein kleiner, wie eine Kanone größere Luftwellen aussendet als eine Pistole, so senden die schwingenden Moleküle und Atome je nach ihrer Größe Ätherwellen von verschiedener Länge aus. Die Röntgenröhre erzeugt Ätherwellen von ein Zehnmilliontstel mm, die Röntgenstrahlen, die infolge ihrer Kleinheit die meisten Stoffe durchdringen. Der Telefunkenapparat entsendet Ätherwellen von 5 km Länge, die infolge ihrer Größe über den ganzen Erdball schwingen. Da alle Ätherwellen unabhängig von ihrer Länge in der Sekunde 300 000 km zurücklegen, schwingen die langen in der Sekunde nicht so häufig wie die kurzen, so wie ein Mensch mit langen Beinen nicht so viel Schritte zu machen braucht wie ein ebenso schnell laufender mit kurzen Beinen. Es folgen sich in der Sekunde nur 60 000 telegraphische Wellen, dagegen viele Tausend Billionen Röntgenwellen. Wir können nur einen ganz bestimmten Teil von Ätherwellen direkt wahrnehmen. Wir empfinden nur Ätherwellen zwischen 100 und 1000 Billionen Schwingungen in der Sekunde, die erste Hälfte davon als Wärme, die zweite Hälfte davon als Licht, und zwar als

rot	Ätherwellen	von	700	millionstel	mm	Länge	mit	450	Billionen	Wellen
orange	"	"	600	"	"	"	"	500	"	"
gelb	"	"	550	"	"	"	"	550	"	"
grün	"	"	500	"	"	"	"	600	"	"
blau	"	"	475	"	"	"	"	650	"	"
indigo	"	"	425	"	"	"	"	700	"	"
violett	"	"	400	"	"	"	"	775	"	"

Diese Ätherwellen werden von den schwingenden Atomen und Molekülen der leuchtenden Körper erzeugt. Die schwingenden Atome eines glühenden Sternes schlagen den Weltäther, wie Mühlräder oder Schiffsschaufeln Wasser in Wellen von sich schlagen. Diese Wellen pflanzen sich im Weltäther des Weltraumes fort, gelangen in unsere Atmosphäre, und wir empfinden sie als das Licht des Sternes. Von der Geschwindigkeit der Atomumdrehungen, von der Zahl und Länge der Wellen hängt die Farbe eines Körpers ab. Schwingt eine Atomart z. B. das Natriumatom allein in ungestörtem Rhythmus, so erzeugt sie eine Ätherwellenart von bestimmter Größe und Zahl und zwar 550 Billionen in der Sekunde, also gelb erscheinende Wellen. Natriumlicht ist gelb. Die Ätherwelle der Kaliumatome erscheint rot, der Indiumatome blau usf. Schwingen dagegen die Atome verschiedener Stoffe mit verschiedenem Rhythmus durcheinander, so laufen diese verschiedenen Ätherwellen neben- und durcheinander her, und es entsteht kein reiner Rhythmus, keine reine Farbe, sondern ein Gemisch von verschiedenen Farben: weiß. Das weiße Licht ist gemischtes Licht und verhält sich zu den einzelnen Farben wie ein vielstimmiges Geräusch zu den einzelnen Tönen. Die Sterne senden gemischtes Licht aus. Treffen Ätherwellen nun ein Prisma, so werden sie von diesem abgelenkt, weil das Glas des Prismas für Ätherwellen ein ähnliches Hindernis bildet wie etwa ein Wehr für Wasserwellen oder ein Sandhaufen für einen Fußgänger. Aber das Prisma hält nicht alle Ätherwellen gleichmäßig auf, sondern lenkt natürlich die großen und kräftigen Ätherwellen weniger ab als die kleinen und schwachen, wie eine Klippe im Meer die großen Wellen weniger stört als die kleinen. Kommt also ein schmales Bündel Sternenlicht, das alle Wellenarten enthält, durch ein Prisma, so lenkt dieses die einzelnen Wellenarten nach ihrer Länge geordnet, die längsten roten am wenigsten, die kürzesten violetten am stärksten von ihrem Wege ab und breitet so das weiße Lichtbündel, in dem alle diese Strahlen zusammenlaufen zu einem Band auseinander, in dem die einzelnen Wellenarten, d. h. Farben nach Wellenlänge sortiert nebeneinander erscheinen. Solch ein Farbenband, das die Farben rot, orange, gelb, grün, blau, indigo, violett nebeneinander enthält, nennt man Spektrum (Abb. 13). Über einem solchen Spektrum, das jedermann vom Anblick des Regenbogens kennt, kann man eine Skala anbringen, die die Anzahl der Ätherwellen an den einzelnen Punkten des Spektrums anzeigt. Am roten Ende steht dann die Zahl 450 (Billionen), über dem orange 500, an der Grenze zwischen grün und blau 600, am violetten Ende die Zahl 800. Man weiß dann, an dem Teilstrich 800 des Spektrums treffen in der Sekunde 800 Billionen Ätherwellen ein, die die Farbenempfindung violett in uns hervorrufen, an dem Teilstrich 500 500 Billionen Wellen, die orangefarben erscheinen.

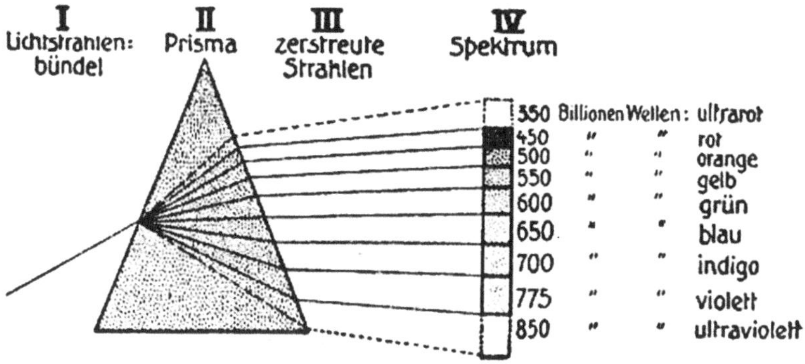

Abb. 13. Entstehung eines Spektrums bei Durchgang eines Lichtbündels durch ein Prisma.

Bewegt sich nun eine Lichtquelle mit großer Geschwindigkeit auf uns zu, so treffen uns natürlich in der Sekunde mehr Ätherwellen, entfernt sie sich von uns, so nimmt die Zahl der Wellen in der Sekunde ab. Steht ein Stern im Raum still, und entrollen wir durch ein Prisma sein Licht zu einem Spektrum, so werden an dem Teilstrich 600 unserer Skala in der Sekunde 600 Billionen Wellen in der Sekunde eintreffen. Es wird hier die Grenze zwischen grün und blau liegen. Nähert sich uns dieser Stern mit einer gewissen Geschwindigkeit, so treffen statt 600 Billionen 650 Billionen Ätherwellen ein, diese Stelle des Spektrums erscheint blau. Entfernt sich dieser Stern, so kommen nur 550 Billionen Ätherwellen in der Sekunde an und diese Stelle erscheint grün. Genau so ändert sich natürlich das Spektrum in allen seinen anderen Teilen. Bei Annäherung der Lichtquelle wandelt sich das Rot in Orange, das Gelb in Grün, das Blau in Indigo und dieses in Violett um. Bei Annäherung der Lichtquelle verschiebt sich das ganze Spektrum im Vergleich zum Farbenband eines ruhenden Körpers nach der Seite des Violett, bei Entfernung der Lichtquelle verschiebt es sich umgekehrt nach dem roten Ende. Aus der Größe dieser Verschiebung, die in Wahrheit natürlich nur mikroskopisch wahrnehmbar ist, läßt sich die Geschwindigkeit selbst der fernsten Sterne bis auf ½ km Genauigkeit für die Sekundenbewegung in der Blickrichtung bestimmen (Abb. 14).

Die Anwendung dieser einfach erscheinenden Methode ist in der Praxis äußerst kompliziert. Das Prisma wird in einen Apparat eingebaut, den man Spektroskop nennt. Dieser wird an ein Fernrohr angeschlossen. Um das winzige Spektrum breit auseinanderzuziehen, schaltet man eine ganze Reihe von Prismen hintereinander, von denen jedes folgende das Spektrum des vorhergehenden wieder verbreitert. In neuester Zeit verwendet man an Stelle der Prismen die wirkungsvolleren Beugungsgitter, Spiegel mit feinsten eingeschliffenen Querstrichen, die so eng zusammenstehen, daß 600 von ihnen zwischen 2 Millimeterstrichen nebeneinander laufen. Diese Rowlandschen Konkavgitter stellen sozusagen Tausende kleinster Prismen nebeneinander vor. Das Spektrum wird nicht mit dem Auge betrachtet, sondern photographiert. Das photographische Spektroskop nennt man Spektrograph. Die Photographie wird mit besonders eingerichteten Mikroskopen durchmustert. Neben der Genauigkeit und Arbeitsersparnis deckt die Photographie, da das Bromsilber für die unsichtbaren ultravioletten Strahlen sehr empfindlich ist, noch jene ultravioletten Teile des Spektrums jenseits des violetten Endes auf, die das Auge nicht mehr wahrnimmt. Dagegen ist die photographische Platte für die langwelligen unsichtbaren ultraroten Strahlen jenseits des roten Spektralendes nicht empfindlich. Aber diese Strahlen erzeugen weit über die Grenze der Sichtbarkeit hinaus noch Wärme. Diese Wärme wird mit einem thermoelektrischen Apparat des Amerikaners Langley gemessen, dem Bolometer. Dieser Apparat registriert Temperaturunterschiede von ein Zehnmillionstel Grad Celsius. Also während ein gewöhnliches Thermometer um einen einzigen Grad ohne Zwischenstufe steigt, kann das Bolometer auf dieser Strecke an 10 Millionen verschiedenen Punkten haltmachen. Ja, selbst Schwankungen von ein Hundertmillionstel Grad ergeben am Bolometer noch einen nachweisbaren Ausschlag des Zeigers. Das Bolometer hat »im dunklen Reich des Lichts« Entdeckungen gemacht, wie sie in ähnlicher Feinheit selbst Auge und Photographie im sichtbaren Teile des Spektrums nicht erreichen können. Mit dem Bolometer erwies sich der unsichtbare Teil des Spektrums jenseits des Rot um 20mal länger als der sichtbare! Mit Hilfe dieser »Spektroskopie« kann man die Bewegungsgeschwindigkeit der Sterne auf uns zu und von uns weg aufs genaueste berechnen. Die Fehlergröße beträgt selbst bei Sternen, die 100 Lichtjahre von uns entfernt sind, noch nicht 1 km. Man bedenke: wir sehen über uns am Himmelsgrund kleine Pünktchen, die sich selbst im größten Fernrohr nicht verändern. Seit Menschengedenken stehen diese Pünktchen angeheftet an ihrem Himmelsplatz wie aufgehängte Lampen. Wir wissen nun nicht nur, daß diese Pünktchen Sonnen sind wie unsere Sonne, daß sie 100 Lichtjahre von uns entfernt sind, von Planeten umkreist werden wie unsere Sonne, nein, wir richten unser Rohr auf solch einen Punkt, stellen einen

Prismenapparat an sein Okular und schrauben an das untere Ende eine photographische Kamera. Wir öffnen den Lichtschlitz, schließen ihn nach einer Weile wieder, gehen mit einer verschlossenen Kassette in ein Dunkelzimmer, tauchen eine gelbe Glasplatte in ein Bad, legen sie unter ein Mikroskop und sagen: diese Sonne in 100 Lichtjahren Entfernung bewegt sich auf uns zu mit einer Sekundengeschwindigkeit von 23 km. Wir sind bereit zu schwören, daß es nicht 30 und nicht 20 sind, sondern 23. Ist der Mensch nicht auch ein Wunder, den größten Wundern des Weltalls ebenbürtig?

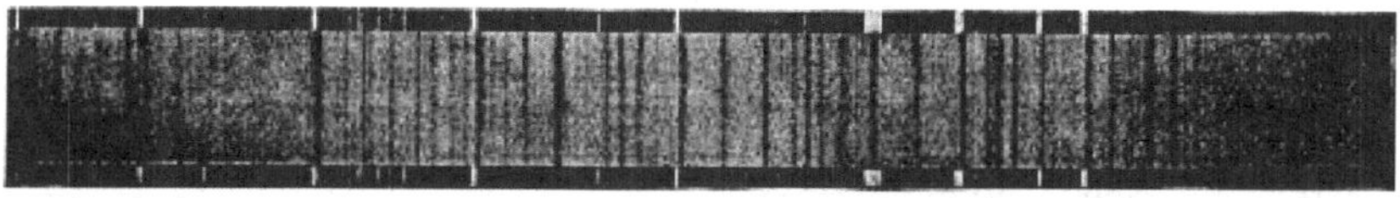

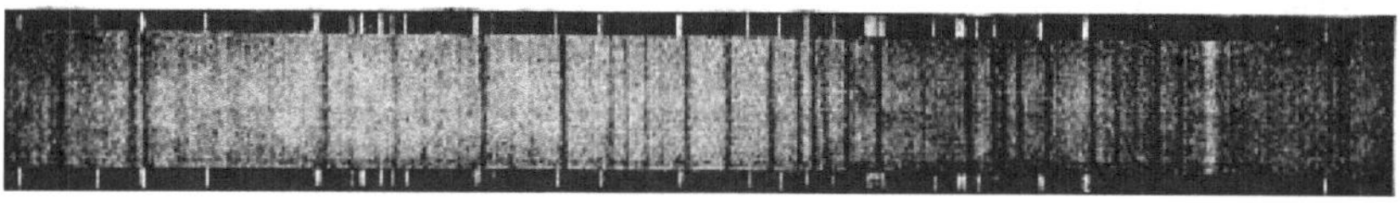

Abb. 14. Verschiebung der Spektrallinien eines Sternes bei (oben) 38, (unten) 72 km Entfernung in der Sekunde. Man erkennt deutlich, wie die Linien gegen das Spektrum des ruhenden Eisens (die weißen Linien an den Rändern) nach rechts verschoben sind.

Die spektroskopischen Untersuchungen haben auch bei diesen Sternbewegungen die Einheit des Milchstraßensystem glänzend bewiesen. Sämtliche Sterngeschwindigkeiten schwanken innerhalb kleiner Grenzen. Es gibt im System der Milchstraße keine gesetzlosen Ausnahmen. Phantastische Sonnengeschwindigkeiten, die etwa der Lichteile gleichkommen, sind in ihm ebensowenig zu finden wie Stillstand, größere Abweichungen vom Mittelwert als das Zehnfache werden kaum gefunden. Im allgemeinen bewegen sich die Sterne mit denselben Schnelligkeiten, die wir an den Welten unseres Planetensystems bemerken. Die Geschwindigkeit des Erdlaufes um die Sonne, 30 km in der Sekunde oder 100 000 km in der Stunde, ist geradezu ein Mittelwert für die Bewegungen der Sterne innerhalb der Milchstraße. Von den bekannten Sternen

entfernen sich von uns:

Pollux	Sek.-Geschwindigkeit	3	km
Bellatrix	"	9	"
Rigel	"	17	"
Beteigeuze	"	17	"

Sterne d. Jakobstabes			
der linke	"	18	"
der rechte	"	23	"
Kapella	"	24	"
Die Hyaden	"	40	"
Aldebaran	"	51	"
	nähern sich uns:		
Kastor	Sek.-Geschwindigkeit	1	km
Deneb	"	2	"
Algol	"	4	"
Arktur	"	5	"
Bärenfamilie	"	6	"
Prokyon	"	6,5	"
Sirius	"	7,5	"
Regulus	"	9	"
Wega	"	13	"
Polarstern	"	13	"
Mizar	"	31	"
Atair	"	38	"

Der Gedanke, daß eine gewaltige Sonne wie der Sirius sich uns in jeder Stunde um 25 000 km nähert, übt zuerst einen eigenartig unheimlichen Eindruck aus. In der Phantasie sieht man diesen glühenden Weltball größer und größer werden, zur Scheibe anschwellen, unsere Nacht zum Tag erleuchten, uns mit Wärme überfluten, schließlich das Firmament mit seiner gewaltigen Sonnensphäre füllen und eines Tages, nachdem gewaltige Störungen das ganze Planetensystem ins Schwanken gebracht haben, zerschellt unsere Welt an dem Koloß, und in einem feurigen Rachen versinkt die ganze Herrlichkeit unseres Daseins! Weit gefehlt! Nur der Mensch in seiner eingeborenen Beschränktheit kann sich einem solchen Trugbild hingeben. Selbst der nahe Sirius braucht fast eine Million Jahre, ehe er unseren jetzigen Standpunkt im Weltall erreicht. Aber wenn alles kreist und alles sich bewegt, kann dann die Sonne stille stehen? Ist sie der ruhende Pol in der Erscheinungen Flucht, das »Herz des Universums«, wie es Kepler glaubte? Nein, die Sonne ist ein Stern unter Sternen, schwebt dahin mit ihrem ganzen Anhang von Planeten wie alle Sterne:

»Die Sonne tönt in alter Weisein Brudersphären Wettgesang,und ihre vorgeschriebene Reisevollendet sie mit Donnergang.«

Die Sonne bewegt sich mit einer Sekundengeschwindigkeit von ungefähr 29 km durch den Weltraum, und wenn der Sirius in 1 Million Jahren jene Stelle passiert, an der wir uns jetzt befinden, ist die Sonne um 600 Billionen km, um 60 Lichtjahre von ihrem heutigen Standort entfernt. Unser Sonnensystem fliegt durch den Weltraum! Während wir uns auf der Erdkugel um die Erdachse bewegen und durch diese Drehung im Lauf von 24 Stunden aus der Sonnenseite in die Schattenhälfte herumrollen (Tag und Nacht), und während wir mit einer Sekundengeschwindigkeit von 30 km in gewaltiger Bahn um die Sonne kreisen und durch die Jahreszeiten Frühling, Sommer, Herbst und Winter rollen, fliegt unser ganzes System von der Sonne bis zum Neptun mit all seinem Inhalt durch den Weltraum.

Wir stehen im Sonnenschein auf dem Deck eines Schiffes und spielen mit einem Kreisel. Dieser Kreisel ist die Erde. Er dreht sich rasch um seine eigene Achse, jeder Punkt seiner Oberfläche läuft bei jeder Drehung zur Hälfte über die Sonnenseite, zur Hälfte über die abgekehrte Schattenseite. Dies ist das Spiel von Tag und Nacht. Der Kreisel steht aber nicht still an seinem Fleck. In langsamem Lauf beschreibt er große Kreise über den Boden des Decks. Diese Kreise sind der Jahreslauf der Erde um die Sonne. Außerdem fährt das ganze Schiff über das Weltmeer. Das Schiff ist das Sonnensystem, das Weltmeer ist das Weltall. Wie dieses Schiff, so steuert auch das Sonnensystem nicht ziellos durch den Weltraum. Es bewegt sich um das Schwerkraftzentrum des Sternenhaufens, in dessen Innern es sich befindet, gemeinsam mit allen helleren Sternen des Himmels, die diesem Haufen angehören. Die Sonne läuft auf einer Linie, die ungefähr vom Sirius* zur Wega* in der Leier oder dem benachbarten Stern Deneb* im Schwan führt. Welch wundersames Empfinden muß den denkenden Menschen überschleichen, wenn er den hellen Stern Wega betrachtet. Zu ihm ist unsere Sonnenfahrt gerichtet. In jeder Sekunde, da wir ihn anschauen, nähern wir uns ihm um 30 km. Ehe wir diese Seite hinabgelesen haben, sind wir ihm schon um 1000 km nähergerückt, und wenn wir ihn heute abend betrachtet haben, uns niederlegen, morgen unser kurzes Tagewerk verrichten und ihn des Abends wieder anschauen, so sind wir ihm in diesen 24 Stunden um 2 Millionen km näher gekommen. Tag für Tag zwei Millionen Kilometer, und dabei steht sein Bild seit Jahrtausenden unverrückt, als gäbe es keine Bewegung im All! Täglich 2 Millionen km! Das sind die Pendelschläge der großen Weltuhr, auf der die Tage Sekunden, die Jahre Minuten, Jahrhunderte die Stunden und Jahrtausende die Tage sind. Empfand nicht schon der biblische Sänger diesen Rhythmus des Weltenlaufs, als er die Worte sprach: »Und tausend Jahre sind vor ihm als wie ein Tag«?

Die Ansicht der älteren Astronomen, daß die Sternbewegungen regellos seien, ist im Hinblick auf die wunderbare Harmonie der Weltbewegungen geradezu unbegreiflich. Wie könnte in einem so entwickelten System, wie es die Milchstraße darstellt, irgendwo Gesetzlosigkeit und Anarchie herrschen? Die neueren Forschungen haben sogar über die erwähnten Gruppenbewegungen hinaus eine Gesetzmäßigkeit der Sternbewegungen aufgedeckt, die geradezu an den Kreislauf des Blutes im tierischen Körper erinnert und so abermals in die Harmonie des Weltganzen einen neuen vollen Akkord hineinträgt. Die Mehrzahl der untersuchten Sterne bewegt sich nämlich in gewissen Sternströmen, in zwei »Heerstraßen«, die in entgegengesetzter Richtung aneinander vorbeilaufen wie zwei sich begegnende Eisenbahnzüge, oder, noch richtiger, sich wahrscheinlich in Kreislinien aneinander vorbeibewegen, wie die beiden Ringe mancher modernen Karussels, von denen der innere Ring sich links herum, der äußere rechts herum im Kreise dreht. Der eine Sternstrom ist gegen das Bild des Orion zum Stern Beteigeuze gerichtet.* In ihm fliegen die Hyaden. Der andere entgegengesetzte Strom, dem unsere Sonne angehört, strebt in die Gegend zwischen Adler, Schwan und Leier.* In ihm fliegen die Sterne des Großen Bären, die »Bärenfamilie«. Beide Ströme liegen in der Ebene der Milchstraße. Als man 1924 Sterne auf ihr Verhalten zu diesen beiden Heerstraßen untersuchte, fand man, daß sich unzweifelhaft 1023 in dem einen Strom, 574 in dem anderen bewegten. Bei 207 Sternen ist die Zugehörigkeit noch zweifelhaft, während nur 110 Sterne, also ungefähr 5% sich abweichend von den Heerstraßen bewegen.

Es ist nicht zu entscheiden, ob diese Heerstraßen den allgemeinen großen Sternzügen in der Milchstraße angehören oder ob sie nur die Bahnen der Sterne in unserem Sonnensternhaufen darstellen. Höchstwahrscheinlich ist letzteres der Fall. Unsere Sonne kreist mit allen ihr benachbarten Sternen in diesen Heerstraßen innerhalb ihres Sternhaufens um einen gemeinsamen Schwerpunkt, und während diese Sonnen auf ihren beiden aneinander vorbeifließenden Heerstraßen diesen abgeschlossenen Sternhaufen wahrscheinlich in steigenden und fallenden Spiralbahnen durchwandern, fliegt die ganze kreisende Sterngruppe auf einer weiteren Bahn durch das große allgemeine System der Milchstraße. Wie dem auch sei, auf jeden Fall enthüllt diese Entdeckung der entgegenlaufenden Heerstraßen, daß die Sternbewegungen zwar keineswegs plan- und gesetzlos sind, daß aber andererseits in den Sternhaufen und wahrscheinlich ebenso in der Milchstraße nicht jene einfach einheitliche Bewegungsmechanik herrscht wie im Planetensystem, in dem sich alle Sterne in einer Richtung und einer Ebene bewegen. *Die Entdeckung der Heerstraßen beweist die Einheit und Gesetzmäßigkeit der Sternbewegungen im Milchstraßensystem.*

So wichtig und grundlegend die Entdeckung der Heerstraßen auch ist, so hat sie uns doch nur über die Existenz geordneter Sonnenströme, nicht über die Natur und Bahn der Sternbewegungen innerhalb der Milchstraße aufgeklärt. Kommende Geschlechter, die die begonnene Arbeit unserer zeitgenössischen Astronomen fortsetzen, werden erst die Pfade entschleiern, auf denen die Sonnen im System kreisen.

Die Kraft, die diese Sterne in die Bahnen geordneter Heerstraßen bannt, kann entweder eine Explosivkraft sein, die die Sonnen wie die Funken einer explodierenden Rakete in Wirbeln durch den Weltraum treibt oder eine Schwerkraft, die von Massen ausgeht. Die älteren Astronomen, an der Spitze Lambert und Kant, suchten nach einer riesigen Zentralsonne, die im Mittelpunkt des Systems stehend die Sterne um sich kreisen läßt wie die Sonne die Planeten. Lambert hielt den Orionnebel, Kant den Sirius, Mädler später den Hauptstern der Plejadengruppe Alkyone für die Zentralsonne, und diese Vorstellung einer gewaltigen Allweltssonne erfüllte sie und ihre Zeitgenossen so tief, daß sie selbst in den Dichtern Widerhall fand. Schillers Lied an die Freude ist ein Hymnus über die Organisation des Weltalls. Klopstock sang:

»Um Erden wandeln Monde,Erden um Sonnen;Aller Sonnen Heere wandelnUm eine große Sonne.«

Die moderne Astronomie hat diese Idee einer Zentralsonne aufgegeben. Eine Sonne, die durch ihre Anziehungskraft eine solche Unzahl von Sternen um sich bewegt, müßte durch ihre phantastische Größe nicht nur alle Grenzen der Wahrscheinlichkeit überschreiten, sondern auch mit den Gesetzen der Physik und Chemie in Widerspruch stehen. Heute weiß man, daß ein System ein Schwerkraftszentrum besitzen kann ohne eine Masse im Mittelpunkt. Es gibt keine Zentralsonne im Milchstraßensystem. Die Milchstraße ist im Gegensatz zum monarchischen Sonnensystem, in dem die übermächtige Herrscherin Sonne im Mittelpunkt steht, ein republikanisches Sternsystem, in dem sich alle Sterne gegenseitig anziehen und im Gleichgewicht halten. Sucht man das ideale Zentrum der uns bekannten Sternbewegungen, so findet man als Achsenpunkt der beiden Heerstraßen eine Stelle im Schwan, die genau mit dem von Easton berechneten Mittelpunkt des gesamten Milchstraßensystems übereinstimmt.

Aber der gläserne Zauberstab des Astronomen, das Prisma, hat uns mehr gelehrt als die Einheit der Sternbewegungen. Es hat uns die letzte größte und grundlegendste Einheit des Milchstraßensystems bewiesen, *die Einheit des Stoffes und seiner Entwicklung.*

Das Licht ist eine Schwingung des Weltäthers, wie der Schall eine Schwingung der Luft ist. Diese Ätherwellen werden von den schwingenden Atomen der Elemente erzeugt wie die Luftwellen von schwingenden Saiten. Wie es verschiedene Arten von Saiten gibt, so gibt es verschiedene Atomarten, die wir als einzelne Elemente bezeichnen. Eisen, Gold, Wasserstoff, Stickstoff, Natrium, Kalzium, Titan sind Elemente. Wie jede Saitenart eine ganz bestimmte Luftschwingung, einen bestimmten Ton hervorbringt, so erzeugt jede Atomart bei ihren Schwingungen eine bestimmte Art von Lichtwellen. Die a-Saite sendet immer 435 Luftwellen aus, den Ton a, eine c-Saite 530 Wellen, die wir als den Ton c empfinden. Die Atome des Elements Natrium senden immer 505 Billionen Ätherwellen aus, die als gelbe Farbe erscheinen, das Element Kalzium 750 Billionen Wellen, die als Violett empfunden werden.

Läßt man in einem Zimmer vor einem offenen Klavier eine a-Saite schwingen, so versetzt der Rhythmus dieser 435 Wellen in der Sekunde von allen Saiten des Klaviers natürlich nur jene in Schwingungen, die ebenfalls 435 mal in der Sekunde schwingen kann, also die Saite a. An den Schwingungen der Saite a im Klavier kann man, ohne die tönende Saite zu sehen oder zu hören, erkennen, daß hier am Entstehungsort der Luftwellen eine a-Saite schwingt. Genau dasselbe geschieht mit den Ätherwellen im Prisma. Glüht das Element Natrium, und man läßt die Ätherwellen durch ein Prisma gehen, so tritt im Spektrum in der Klaviatur der Farben an dem Teilstrich 505 der Skala eine gelbe Linie auf, die nur das Natrium aussendet. Erscheint also in einem Spektrum an dieser Stelle eine gelbe Linie, so kann man mit absoluter Sicherheit sagen, diese Lichtwellen gehen von glühendem Natrium aus. Erscheinen an einem ganz bestimmten Platz zwei rote Linien, so weiß man, daß hier das Element Kalium glüht, denn keine andere Atomart entsendet diesen Doppelton des Lichts. Jedes Element erzeugt im Spektrum ganz bestimmte unveränderliche helle Linien, an deren Farbe, Stellung, Zahl und Verteilung man dieses Element erkennen kann. Glüht Sauerstoff, so erscheinen zwei Linien im Rot bei 392 und 433 (Billionen Ätherwellen), leuchtet Wasserstoff, so erscheinen drei Linien bei 454 im Gelb, 613 im Blaugrün und 694 im Violett usw. Der Anblick eines Spektrums gibt uns also genau Auskunft über die chemische Natur der Stoffe, die in der Lichtquelle glühen. Man nennt diese Methode, aus dem Spektrum die chemische Natur der glühenden Stoffe zu erkennen, die *Spektralanalyse.* In der Praxis ist die Spektralanalyse ein äußerst schwieriges Verfahren. Neben den erwähnten

Hauptlinien erscheinen nämlich noch Nebenlinien, die das Bild eines Spektrums bis zur Unkenntlichkeit verwirren. Die Zahl dieser Linien steigt im allgemeinen mit der Höhe des Atomgewichts, also mit der Größe des Atoms, mit der Zahl der Elektronen, die ein Atom aufbauen. Die Linienzahl beträgt bei den leichten Elementen Natrium 8, Chlor 11, Kohlenstoff 13, Kalium 27, Stickstoff 89; bei den schweren Elementen Silber 372, Eisen 1517, Thorium 2070, Uran 5270. Im ganzen sind bis heute ungefähr 50 000 Spektrallinien bestimmt worden. Aber für die Schwierigkeit entschädigt die Feinheit der Methode im vollsten Maß. Die Genauigkeit des spektroskopischen Nachweises übertrifft nämlich nicht nur alle übrigen Verfahren, sondern überhaupt jede menschliche Vorstellung. Man kann mit dem Spektroskop von dem Element Natrium noch den 3 Milliardstel Teil eines Gramms = $^{1}/_{3\,000\,000\,000}$ g nachweisen. Wo uns nur ein Lichtpünktchen entgegenstrahlt, stark genug, daß wir es zum Bande auseinanderziehen können, daß wir die Linien erkennen, die in seinem Streifen leuchten, da gibt dieses Lichttelegramm uns Kunde von den Stoffen, die in Sternweiten auf fremden Sonnen glühen. In Flammenlettern, die niemals trügen, spricht das Universum zu uns. Und was hat es uns gekündet? Kurz und bündig wie ein Telegramm ist das Spektrum eines Sternes. Wie ein Depeschenstreifen entrollt es sich, und wie Morsezeichen stehen die Linien auf dem Band. Aber wie ein Telegrammstreif dem Kundigen in Strichen und Punkten Schlachtberichte und Liebesgrüße, Freudenbotschaft und Hiobsposten kündet, so erzählt das Lichttelegramm dem Wissenden die ganze Lebensgeschichte des Weltalls.

Die spektralanalytische Untersuchung von über 10 000 Sternen erwies, daß auf allen Sternen die gleichen chemischen Elemente glühen, die wir in unserer Sonne leuchten sehen und die sich am Aufbau der Erde beteiligen. Wenn es auch noch nicht gelungen ist, all die Tausende von Spektrallinien restlos zu entziffern, *so hat uns die Spektralanalyse dennoch schon heute die stoffliche Einheit des Milchstraßensystems in geradezu grandioser Beweisführung dargelegt.* Die spektroskopische Erforschung des Weltalls ist einer der größten Triumphe des Menschengeists und das Diadem in der Kette der Beweise für die Einheit des Milchstraßensystems.

Aber hinter diesen telegraphisch kurzen Flammenlinien der Lichtdepeschen bergen sich tiefere Geheimnisse.

Wenn in einem Raum 10 verschiedene Saiten frei nebeneinander schwingen, so sendet jede ihre Wellenart aus, und im Nebenraum zittern am offenen Klavier die 10 entsprechenden Saiten mit und belehren uns über die Natur der im Nachbarzimmer schwingenden Saiten, ohne daß wir sie zu sehen oder zu hören brauchen. Wenn 10 verschiedene Atomarten frei schwingen, erscheinen 10 verschiedene Liniensysteme im Spektrum, und wir erkennen die Natur der 10 glühenden Elemente. Saiten können nur frei vibrieren, wenn ihnen genügend Platz zur Verfügung steht, Atome nur frei schwingen, wenn ihnen Raum dazu gegeben ist. Dies ist nur der Fall, wenn sie sich in jenem fein verteilten Zustand befinden, den wir als den »gasförmigen Zustand« bezeichnen. Sind dagegen die 10 Saiten zusammengespannt oder zu Bündeln gefaßt, so können sie beim Anschlagen nicht frei schwingen, stören sich gegenseitig und erzeugen keine reinen 10 Töne, sondern zittern unregelmäßig und rufen ein Geräusch hervor, in dem alle möglichen Wellenarten durcheinander schwirren. In diesem Geräusch sind alle Töne, alle Wellenarten neben-, durch- und nacheinander enthalten, und so schwingen am offenen Klavier nicht die 10 entsprechenden Saiten mit, sondern *alle* Saiten vibrieren. Man kann also die Natur der schwingenden Saiten nicht erkennen, weiß nicht, welche 10 Saiten schwingen, wohl aber, daß sie eng zusammengepackt sein müssen. Glühen 10 Elemente nicht in freier Gasform, sondern in festem oder flüssigem Zustand, so sind die Atome so zusammengedrängt, daß sie ihre Schwingungen nicht frei ausführen können, sich gegenseitig stören und alle möglichen Arten von Ätherwellen aussenden. Folglich erscheinen im Farbenklavier des Spektrums nicht die 10 Einzelsysteme von Linien, sondern alle Linien, alle Farben treten auf, so dicht aneinandergedrängt, daß sie zusammenfließen zu breiten Farben*bändern*. Der Regenbogen, das Spektrum hinter den Prismen der Kronleuchter sind solche Farbenbänder. Aus der Art des Spektrums kann man also auf den Zustand der glühenden Materie Schlüsse ziehen. Erscheint ein zusammenhängendes Bänderspektrum, wie es der Regenbogen darstellt, so befindet sich der leuchtende Stoff in festem oder flüssigem Zustand; erscheinen im Spektrum einzelne scharfe Linien, so befindet sich der leuchtende Stoff in gasförmigem Zustand.

Wir schlagen im Nebenzimmer 10 verschiedene Saiten an, von denen eine eine a-Saite ist. Am offenen Klavier zittern die 10 entsprechenden Saiten, und wir erkennen, welche Saiten drüben schwingen. Jetzt schließen wir die beiden Zimmer schalldicht voneinander ab und lassen nur eine kleine Öffnung in der Zwischenwand, durch die die Schallwellen hindurchdringen. In diese Öffnung spannen wir eine a-Saite. Schlagen wir jetzt drüben die 10 Saiten an, so dringen alle Wellen ungehindert durch die Öffnung. Die Wellen der a-Saite dagegen werden, da sie genau die Länge und Häufigkeit der a-Saitenschwingung besitzen, die in der Wandöffnung eingespannte a-Saite in Bewegung setzen und hierbei ihre Kraft einbüßen. Sie werden bei der Ankunft am Klavier fehlen. Die a-Saite bleibt stumm. Spannen wir nun die 10 Saiten zu einem Bündel zusammen und lassen dieses schwingen, so entsteht ein Geräusch, und *alle* Saiten des Klaviers erzittern, nur die a-Saite ruht, da eine a-Saite in der Öffnung eingespannt ist, die von allen Wellenarten nur die a-Wellen auffängt. An dem Ruhen der a-Saite erkennen wir die Existenz einer a-Saite *zwischen* der Tonquelle und dem Klavier.

Wir ahmen dieses Experiment mit den Lichtwellen und dem Spektrum nach. Wir bringen in die Wandöffnung statt der a-Saite ein Gefäß mit Natriumdampf. Dann lassen wir ein Lichtbündel, das von den verschiedensten glühenden Elementen in flüssigem Zustand ausgeht, durch diese Öffnung laufen, fangen es drüben mit dem Prisma auf und beobachten das Spektrum. Alle Lichtwellen laufen ungehindert durch den Natriumdampf, das ganze Spektrum leuchtet als Farbenband auf. Nur die Natriumwellen fehlen. Sie haben beim Passieren des Natriumdampfes die Natriumatome in Schwingungen versetzt, hierbei ihre Kraft verloren und fehlen im Spektrum. Wo sie sonst stehen, an der Zahl 505 der Skala, ist eine dunkle Lücke im Spektrum, tritt im farbigen Band eine schwarze Linie auf (Abb. 15). Das Auftreten von dunklen Linien im Spektrum beweist, daß das Licht dieses Spektrums durch eine Dampfhülle hindurchgegangen ist, in der jene Elemente sich befinden, deren Linien im Farbenband fehlen.

Nehmen wir an, die Erde würde in ihrem heutigen Zustand leuchten und wir fingen ihre Strahlen im Weltraum mit einem Prisma auf. Die Lichtwellen müßten dann die Lufthülle, in der sich Stickstoff und Sauerstoff befinden, durchlaufen. Die Strahlen aller irdischen Elemente würden diese Atmosphäre ungehindert passieren, nur die Stickstoff- und Sauerstoffwellen würden in der Atmosphäre dadurch, daß sie die Stickstoff- und Sauerstoffatome in Schwingungen versetzen, ihre Kraft verlieren und würden fehlen. An dem Fehlen der Stickstoff- und Sauerstofflinien im Spektrum würden wir erkennen: die Erde besteht aus einem festen, leuchtenden Kern, der von einer Atmosphäre umgeben ist, in der sich Stickstoff und Sauerstoff befinden.

Das Spektrum der Sterne zeigt ein Farbenband, in dem nicht eine, nicht 10 dunkle Linien, sondern viele Hunderte und Tausende von verschiedener Stellung und Stärke stehen (Abb. 14). Diese viellinigen Farbenbänder beweisen uns, daß Sonne und Sterne aus einem feuerflüssigen oder festgasigen leuchtenden Kern bestehen, der von einer Gashülle, einer Dampfatmosphäre umgeben ist, in der jene Elemente sich befinden, deren Linien mit den dunklen Lücken im Spektrum übereinstimmen.

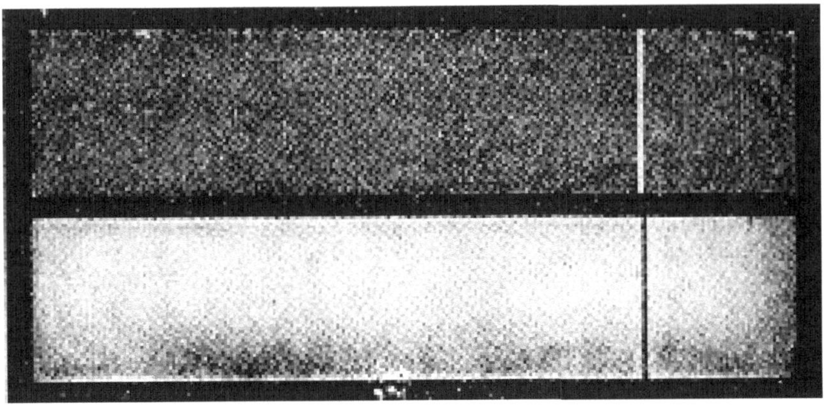

Abb. 15. Die Auslöschung der hellen Natriumlinie (unten) beim Durchgang von Licht durch Natriumdampf.

Diese Erklärung der Sternspektren, die uns jetzt so einfach, fast selbstverständlich erscheint, war ein Jahrhundert hindurch eines der schwersten Probleme der Naturwissenschaft. Man versetze sich in die Lage der ersten Beobachter. Sie sehen hinter dem Prisma, das das Sternenlicht ablenkt, ein Farbenband erscheinen, durch das Tausende dunkler Linien ziehen, bald weiter auseinanderstehend, bald dicht aneinandergedrängt, bald einzeln, bald zu Gruppen sich findend. Was konnten diese Linien bedeuten? Man denke sich, wir senden den Marsbewohnern ein Morsetelegramm aus Strichen und Punkten zusammengesetzt; wie sollen sie es entzaubern? Ein stummer Streifen, aus nichts als Linien und Punkten zusammengesetzt! Geht es uns anders? Die Sterne senden uns Lichttelegramme, bunte Bänder, und in den Farben Linien, Linien, nichts als Linien! Assyrische Hieroglyphen zu entziffern, ist ein Kinderspiel gegenüber der Aufgabe, ein Spektrum zu lösen. 30 Zeichen hat die Sprache der Tonscherben, jedes von anderer Gestalt; 30 000 hat die Sprache der Sonnen, eines wie das andere eine Linie. Um dieses Riesenalphabet des Weltalls zu erfassen, mußte ein Genie geboren werden.

Dieses Genie war *Joseph Fraunhofer.* Als Sohn eines armen Glasers geboren, hatte er als Schleiferlehrling das Unglück oder vielmehr Glück, von einem stürzenden Spiegel schwer verletzt zu werden. Für die 18 Dukaten Schmerzensgeld nämlich, die ihm der König von Bayern zahlen ließ, kaufte er sich Bücher und Instrumente und wurde einer der größten Optiker und scharfsinnigsten Naturforscher, die je gelebt haben. Er entdeckte zu Beginn des vorigen Jahrhunderts im Spektrum der Sonne die nach ihm benannten *Fraunhoferschen Linien.* Ehe er sie zu erklären vermochte, starb er im frühen Alter von 39 Jahren zum unersetzlichen Schaden der Wissenschaft. Sein vorzeitiger Tod hielt den Fortschritt der Himmelskunde um ein halbes Jahrhundert auf. Denn 50 Jahre währte es, bis Männer von ihm ebenbürtigem

Genie das Spektrum erforschten und das Wesen der dunklen Linien erkannten. Diese beiden Männer waren *Kirchhoff* und *Bunsen*, deren spektralanalytische Gesetze das Fundament dieser einzigartigen Wissenschaft bilden, die uns die chemische Einheit des Weltalls bewies. Wie einfach in ihren Mitteln, wie großartig in ihren Resultaten ist diese Spektralanalyse! Ein gläsernes Prisma lehrt uns die Stoffe, den Zustand, die Temperatur, den Kern und die Hülle fernster Sonnen erkennen! Ein Glassplitter wird unter den Händen vernunftgemäß handelnder Menschen zum Diamant, der alle Brillantgeschmeide der Welt überstrahlt. Was haben die Diamanten aus den Gruben Afrikas der Menschheit genützt? Steingewordene Tränen sind sie, und das Gold, das sie umrahmt, ist geschmolzene Blut. Kriege wurden um sie geführt, ganze Völker in Amerika ihretwegen ausgerottet, und tagtäglich zerstören Menschen um diesen Flitterglanz, an dem alles hängt und zu dem alles drängt, Frieden und Glück ihres Lebens und Hauses. Aber der einfache Dreikant aus Glas wurde in der Hand forschender Geister zum Schlüssel der Himmelspforte und hat uns den Glanz der Himmelsherrlichkeit schöner erschauen lassen, als es die Vergangenheit selbst in ihren kühnsten Hoffnungen je erwarten konnte.

Den Abschluß und die Krone der spektralanalytischen Forschung bildet die Enthüllung des *Entwicklungsprinzips im Weltall.* Im System der Milchstraße herrschen nicht nur jene äußeren Bewegungsformen, die wir als Planetenumläufe, als Trabantenbahn und Sternenflug erkundet haben, in ihm herrscht das weltbewegende und weltenfördernde Prinzip der Entwicklung in dem gleichen Sinn, in dem es Darwin für die irdische Welt uns enthüllte. Sterne werden geboren, entwickeln sich, entfalten Kraft und Glanz, altern und sterben wie Mensch, Tier und Pflanze. *Ein* Prinzip ist es, das die Sonnen oben in den Himmeln leitet und den Wurm im Sande lenkt, durch dessen Macht im Gras die Blumen blühen und im Raum Kometen glühen, das den Stein am Grunde formt und den Stern im Nebel ballt – *Entwicklung.*

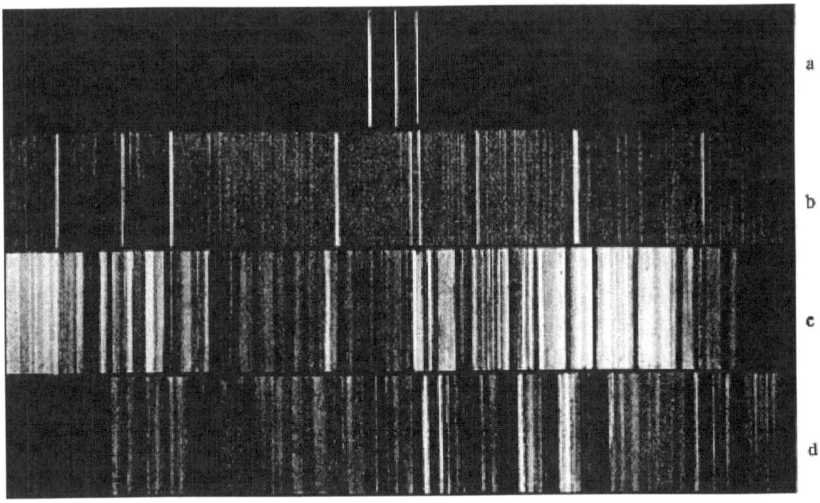

Abb. 16. a Spektrum eine Nebelflecks, b Spektrum eines Sternes 1. Klasse (Deneb im Schwan), c Spektrum eines Sternes 2. Klasse (Sonne), d Spektrum eines Sternes 3. Klasse (roter Stern).

Sterne entstehen aus Nebel. Wenn das Fernrohr das Milchstraßensystem durchstreift, entdeckt es eine Fülle von Nebeln kugeliger Gestalt. Tausende sind bekannt, Hunderttausende existieren. Diese Nebel erscheinen im Fernrohr als matte Scheiben wie Planeten, weswegen man ihnen den schlechten Namen planetarische Nebel gegeben hat, obwohl sie mit Planeten und unserem Planetensystem nichts gemein haben. Sie sind Gaskugeln, von denen die kleinsten vielleicht unser Sonnensystem bis zur Neptunbahn ausfüllen würden, während die größeren tausend- und hunderttausendmal größer sein müssen (Abb. 18a). Diese Gaskugeln schweben zwischen den Sternen der Milchstraße in außerordentlichen Entfernungen von uns und bewegen sich wie diese mit Geschwindigkeiten zwischen 5 und 50 km in der Sekunde in der allgemeinen Milchstraßenebene. Das Spektrum dieser Kugelnebel beweist uns, daß wir leuchtende Materie im gasigen Zustand vor uns sehen. Es erscheinen in ihm drei helle Linien auf dunklem Grund, eine im Blau, die dem Wasserstoffgas entspricht, und zwei im Grün, von denen eine höchstwahrscheinlich dem Stickstoff angehört, während die andere noch nicht gedeutet ist (Abbildung 16a). Offenbar befindet sich die Materie in einem solchen kosmischen Gasball in einem Urzustand, wie wir ihn auf der chemisch hochentwickelten Erde nicht mehr finden, und wahrscheinlich sehen wir hier die Elemente in Vorstufen, vielleicht sogar in ihrer gemeinsamen Mutterform als jenes Urelement vor uns, aus dem sich alle übrigen entwickeln. Seitdem man durch die Radiumforschung die Wandlungsfähigkeit der Elemente experimentell bewiesen hat, gewinnt die Ansicht, daß alle Elemente sich aus einem Urelement allmählich entwickeln, immer mehr an Wahrscheinlichkeit. Wenn alles sich entwickelt, kann dann die Materie selbst, aus der sich dieses alles bildet, ohne Entwicklung bleiben? Ist nicht alle Entwicklung von Stein, Pflanze, Tier eigentlich nichts anderes als Entwicklung der Materie, der Elektronen, Atome und Moleküle? Auch die Elemente, die wir als die Grundstoffe aller Dinge anzusehen gewöhnt sind, stellen schon hohe Stufen der Weltentwicklung, der Materiebildung dar, die in jenen Gasnebeln noch nicht erreicht sind. Offenbar entwickeln sich aus dieser Urmaterie nach- und nebeneinander die einzelnen Elemente, und zwar scheinen sich zuerst die leichten Atomarten Wasserstoff und Stickstoff, die ja noch heute auf unserer Erde die verbreitetsten und grundlegendsten Elemente sind, zu bilden, während die übrigen in gesetzmäßiger Reihenfolge nacheinander auftreten, wie in der Entwicklungsgeschichte der Tierwelt in geordneter Folge Urtiere, Würmer, Fische, Lurche, Säuger erscheinen.

Die weitverstreuten Atome des Gasnebels ziehen sich gegenseitig an, nähern sich, wodurch der ganze Nebelball sich verdichtet und geraten dadurch in immer schnellere Schwingung: es entsteht Wärme. (Abb. 18b). Durch die Zusammendrängung der Materie im Zentrum der Kugel entsteht ein glühender Kern, um den der Nebel eine ungeheure Gashülle bildet, – der Nebel ist zum Stern geworden. Infolge der Zusammenziehung ist seine ehemals gewaltige scheibenförmige Ausdehnung auf die Punktgröße aller Sterne gesunken, und nur das Spektroskop gibt uns durch die Spektral*linien* Kunde von der Nebelnatur dieser jüngsten Sterne. Man bezeichnet diese jungen weitausgedehnten dünngasigen Sterne als *Nebelstern* (Abb. 18c).

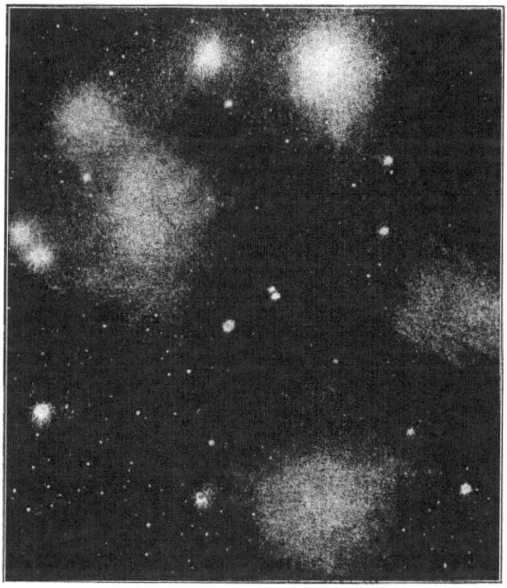

Abb. 17. Die Plejaden.

Aus diesen kugeligen Nebeln entstehen nicht nur einzelne Sterne, sondern bei genügender Anhäufung von Materie ganze Sternhaufen. Wie sich die Tropfen in einem dampferfüllten Zimmer an den kalten Wänden und Scheiben niederschlagen, treten aus dem Dunst des Nebelballs infolge der Abkühlung durch die Weltraumkälte Sonnen hervor. Man kennt solche Gaskugeln im Stadium der Sternhaufenbildung. Im Herkules sieht man solch einen entstehenden Sternhaufen*, in dem 3000 Sonnen sich aus Nebelmaterie bilden. In der Mitte dieses Systems stehen die Sonnen so dicht, daß sich ihre Nebelatmosphären berühren, an den Rändern stehen sie weit voneinander und bilden isolierte freischwebende Sonnensysteme (vgl. Abb. 3 S. 19). Ein vorgeschrittenes Stadium der gruppenweisen Sternbildung aus Nebelmaterie stellen die Plejaden* dar, die schönste aller Sterngruppen des nördlichen Sternhimmels. Diese Gruppe ist, wie die Photographie enthüllt hat, von ungeheuren Nebeln durchzogen und umwoben, von Sonne zu Sonne ziehen sich Nebelbrücken durch das ganze System, und weit über die Grenzen der Gruppe hinaus kann man die verwehenden Reste des chaotischen Nebels verfolgen (Abb. 17).

Auf dieser Stufe der Entwicklung, auf der die Sterne eben aus Nebeln hervortreten, erreichen sie ihren größten Glanz und ihre höchste Temperatur, die man auf 20 000 Grad schätzt. In ihrer weiten Atmosphäre glüht neben dem Wasserstoff vor allem das Helium in so herrschendem Maß, daß man diese heißesten Sterne auch *Heliumsterne* nennt. Kühlt sich die Atmosphäre dieser Sterne ab, so daß ihr eigenes Licht schwächer wird als das des inneren Kernes, so fängt die Gashülle in der beschriebenen Weise die einzelnen Wellen des Kernlichtes ab, und es erscheinen die dunklen Fraunhoferschen Linien im Spektralband. Zuerst wenig und schwach und fast nur Wasserstofflinien (Abb. 16b). Dem Auge erscheint ihr Licht strahlend weiß. Sirius, Wega in der Leier, Deneb im Schwan, Atair im Adler, Regulus im Löwen, Prokyon im Kleinen Hund gehören dieser nach dem Vorschlag des verstorbenen Potsdamer Astronomen *Vogel* als 1. Spektralklasse zusammengefaßten Gruppe an, die man nach ihrem glänzendsten Vertreter als Klasse der *Siriussterne* bezeichnet. (Abb. 18d). Fast alle jene zahllosen kleinen Sterne, die den Nebelschimmer der Milchstraße erzeugen, sind heiße Sonnen der ersten Spektralklasse, vielleicht darum in der Milchstraße so zahlreich erscheinend, weil sie hier wirklich in der Überzahl sind, vielleicht auch nur darum, weil aus jenen Fernen nur ihr strahlendes Licht, aber nicht mehr das der schwächeren kälteren Sterne zu uns dringt. Die Temperatur dieser Siriussterne in Weißglut beträgt ungefähr 12 000 Grad.

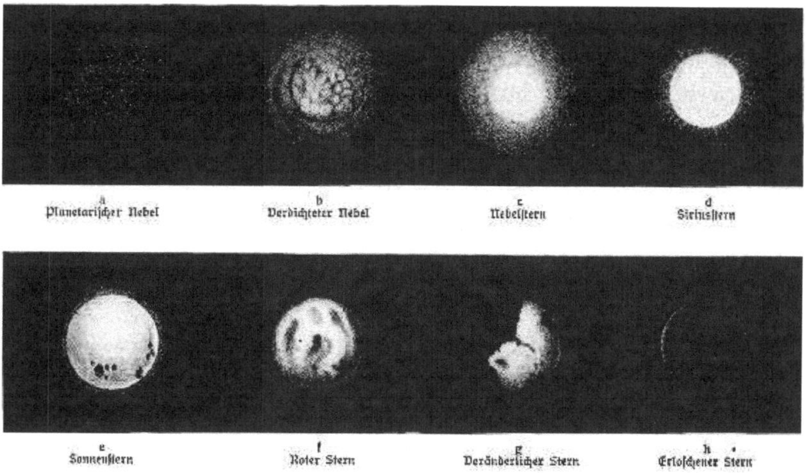

Abb. 18. Entwicklungsgeschichte der Sterne.

Die zunehmende Verdichtung und hierdurch bedingte Wärmeerzeugung der Sterne vermag der Abkühlung durch die Weltraumkälte nicht die Wagschale zu halten. Die Sonnen kühlen sich unaufhaltsam ab (Abb. 18e). Ist die Temperatur eines weißen Sternes der ersten Klasse um abermals ungefähr die Hälfte auf 6000 Grad gefallen, so treten neue Elemente in der glühenden Atmosphäre auf. Neben dem noch immer überwiegenden Wasserstoff erscheint vor allem das Kalzium, dessen Verbindungen als Kalk am Aufbau der Weltkörper großen Anteil haben, daneben durch Tausende schwarzer Spektrallinien sich ankündend Eisen, Nickel, Kobalt, Titan, Mangan, Chrom, Kohle, Magnesium, Natrium, Silizium, Aluminium, Strontium, Baryum, Kupfer, Zink, Silber, Zinn, Blei, Kalium und andere Metalle. Das Spektrum dieser Sterne, die nicht mehr weiß, sondern schon blasser in gelbem Lichtton leuchten, stimmt so völlig mit dem unserer ebenfalls gelben Sonne überein, daß man sie als 2. Spektralklasse oder *Sonnensterne* bezeichnet (Abb. 16c). Während die heißen weißen Sterne der ersten Klasse vornehmlich in dem weiten Bogen der Milchstraße angehäuft scheinen, stehen die gelben kühleren Sterne in ihrer Mehrzahl uns näher. Arktur, Aldebaran, der Mittelstern im Perseus, Pollux sind Sonnensterne; das Spektrum der Kapella im Fuhrmann gleicht sogar bis in die feinsten Einzelheiten seiner 20 000 dunklen Linien so vollkommen dem unseres Zentralgestirns, daß man die Kapella geradezu als Bruderstern unserer Sonne bezeichnen muß, und kaum ein Zweifel an der innigsten Verwandtschaft dieser beiden Sterne bestehen kann. Wahrscheinlich ging unser Sonnensystem unter denselben Umständen aus der gleichen Nebelmaterie hervor wie die Welt der Kapella, die wir als unsere Schwesterwelt im All verehren können, wenngleich ihr entgegengesetzter Lauf sie von uns um die Weite von 40 Lichtjahren entfernte. Offenbar bilden die gelben

Sonnensterne im Gegensatz zu den weißen Milchstraßensternen jenen großen Haufen, in dessen Mitte sich unsere Sonne mit ungefähr 400 Nachbarwelten befindet. Aus großer Ferne betrachtet, würden wir unsere Sonne wahrscheinlich inmitten dieses Sternenhaufens sehen, dessen Glieder Kapella, Arktur, Aldebaran, Pollux und viele andere wären, und in dem die Sterne sich ebenso an Größe, Alter und Beschaffenheit gleichen, wie die Sterne der Plejaden und der Hyaden oder des Sternenhaufens im Herkules und im Centaurn.

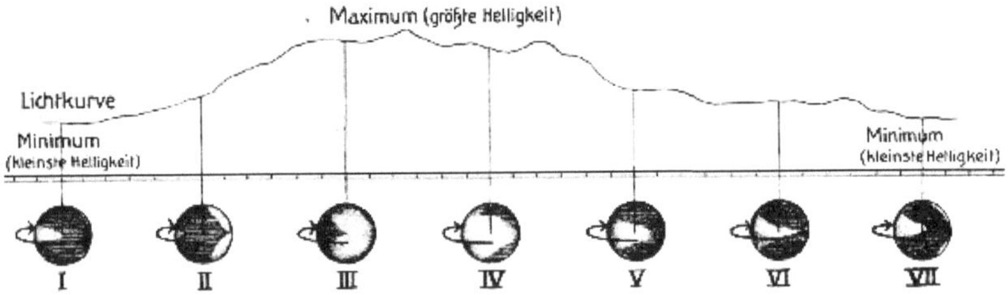

Abb. 19. Entstehung des Lichtwechsels des Sternes Mira Ceti nach Zoellner.

Wie das Eisen, das weißglühend aus dem Feuer geholt wird, zuerst in Gelbglut übergeht und dann rot und röter glüht und verglüht, wie die Sonne, wenn sie sich dem Untergange nähert, im Dunst der Atmosphäre immer blasser, gelber, röter strahlt und schließlich als glutroter Sonnenball den Horizont berührt, so verglühen die Sonnen im All auf ihrer Lebensbahn. Rot ist die Farbe des Sternenalters. Schon der rötliche Arktur ist älter, kälter als die Sonne, sein Spektrum ist linienreicher, verwaschener. Der rötliche Stern Beteigeuze* in der linken oberen Ecke des Orionbildes ist der auffallendste Vertreter dieser Klasse der alternden *roten Sterne*. (Abb. 16d u. 18f). Höchst bemerkenswert ist, daß man in der Gashülle dieser roten Sterne nicht nur freie Elemente, sondern sogar die Verbindungen dieser Elemente und unter diesen Kohlenstoffverbindungen nachgewiesen hat, dieselben Kohlenstoffverbindungen, aus denen bei weiterer Entwicklung auf unserer Erde das Leben, die höchste Form des uns bekannten kosmischen Daseins, entstanden ist.

Auch unsere Sonne zeigt Spuren des nahenden Alters, sozusagen Falten und Runzeln auf ihrem strahlenden Antlitz, das sind die Sonnenflecken. Sonnenflecke sind dunkle, in ihrem Wesen noch keineswegs aufgeklärte Stellen der Sonnenoberfläche, an denen wir jedenfalls, wie die Spektralanalyse beweist, die Sonnenmaterie in einem vorgeschritteneren Zustand der Abkühlung vor uns sehen. Das Spektrum der roten Sterne stimmt mit dem der Sonnenflecken so vollkommen überein, daß man diese geradezu als Sonnenfleckensterne bezeichnen kann. Unter zunehmender Erkaltung der Sonne und Ausbreitung der Flecken müssen schließlich ungeheure Schollen die Oberfläche solcher Sterne bedecken, ganze Kontinente erkalteter Materie müssen auf den glühenden Feuermeeren dieser Sonnen schwimmen (Abb. 18g). Sind diese Massen unregelmäßig verteilt wie Meere und Festländer auf unserer Erde, und dreht sich solch ein Stern wie unsere Sonne um seine Achse, so wenden sich uns bald die leuchtenden Meere, bald die dunklen Schollen zu, die Helligkeit dieses Sternes wird also wechseln. Dieser Lichtwechsel wird zwar auch gemäß der Umdrehungszeit des Sternes in ziemlich regelmäßigen Zeitabständen eintreten, aber je nach der Form der Schlackenkontinente in unregelmäßiger Folge und keineswegs in jener mathematischen Kurve wie bei den Algolsternen ablaufen, die von Planeten verfinstert werden. Tatsächlich finden sich auffallend viele unregelmäßig veränderliche Sterne gerade unter den roten Sternen. Seit Jahrhunderten berühmt ist die Mira Ceti*, der Wunderstern im Walfisch, dessen Helligkeit in einer Periode von ungefähr 11 Monaten zwischen 2. und 9. Größe in unregelmäßiger Kurve schwankt (Abb. 19).

Schließlich ist die ganze Sonnenoberfläche von Flecken überdeckt, verdunkelt, erkaltet, – der Stern ist erloschen; als dunkler toter Körper kreist er durch das All (Abb. 18h). Da man als sicher annehmen muß, daß der Glutzustand im Leben eines Sternes, so wie die Jugend im Menschendasein, nur den kürzeren Teil seiner Entwicklung darstellt, so treiben gewiß mehr erloschene Sonnen als leuchtende im Raum. Wenn sich uns 100 Millionen strahlende Sterne durch ihren Glanz offenbaren, so mögen Milliarden nichtleuchtender Sonnen das All bevölkern, unsichtbar für Menschenblicke, unerforschbar für die Wissenschaft, bis der Fleiß der Astronomen auch diese durch Zahl und Formel aus dem Dunkel hebt, so wie Adams und Leverrier den unentdeckten Neptun, wie Bessel und Peters die unsichtbaren Trabanten des Sirius und Prokyon, wie Vogel und Scheiner die dunkle Dreiwelt des Algol, ohne daß ein Menschenauge sie gesehen, nach Größe, Zahl, Gewicht und Bahn berechnet haben.

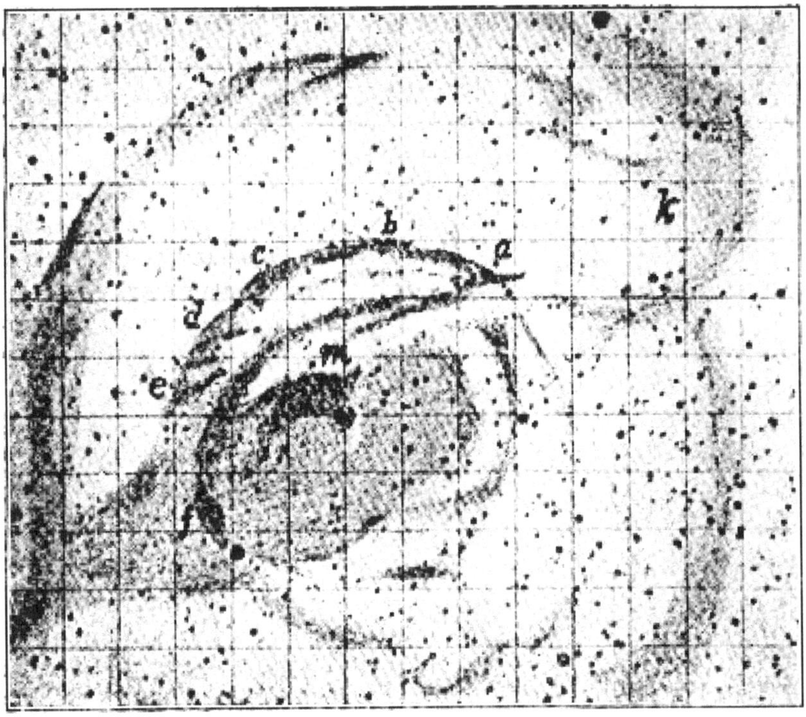

Abb. 20. Photographie der Nebelspiralen um den neuen Stern im Perseus 1901 von Ritchey.

Jahrtausende, Jahrmillionen treiben diese erloschenen Sonnen durch den Äther mit ihrem Anhang von erkalteten Planeten und verglühten Kometen. Alles Leben ist auf ihnen erstorben, die Kultur, die auf diesen Erden blühte, ist in Nacht und Eis versunken. Das ganze System ein gewaltiger Friedhof. Wie ein Wrack mit seinen leeren Kabinen, seinen verrosteten Maschinen, seinen verwesten Leichnamen über das Weltmeer treibt, so wandert solch ein erstorbenes Sonnensystem als unheimliches Gespensterschiff durch das Äthermeer des Weltalls. Äonen mag es gefahrlos durch die Räume treiben, denn die Weltkörper sind ja so spärlich verteilt, als wenn man ein Dutzend Erbsen über den Atlantischen Ozean verstreute und sie treiben ließe. Selbst wenn sich die Sonnen, was nicht der Fall ist, in geraden Linien regellos durcheinander bewegten, und wenn es hundertmal mehr erloschene Sonnen gäbe, als wir wahrnehmen können, so träfe die Wahrscheinlichkeit eines Sternzusammenstoßes je einmal in 1 000 000 mal 1 000 000 Jahren ein. Aber sind im All nicht tausend Jahre wie ein Tag? Gibt es in der Ewigkeit Jahrhunderte und Jahrmillionen? Schließlich kommt auch für jedes erloschene System die Zeit des völligen Unterganges – und der Wiedergeburt. Die tote Sonnenwelt gerät in das Anziehungsbereich einer anderen Sonne, die beiden Weltkörper lenken sich ab von ihrer Bahn, umkreisen sich in weiten, dann in immer engeren Spiralen als Doppelstern, näher und näher, schneller und schneller sich umschwingend, bis sie in rasender Spiraldrehung zusammenprallen; oder das dunkle System gerät auf seiner Fahrt in eine jener weit verbreiteten Nebelwolken, die den leeren Raum erfüllen; oder es saust in einen Hagel kosmischen Staubes, in eine Meteorwolke – wie die Sternschnuppe, die in unsere Atmosphäre jagt, durch die Reibung an der Luft aufglüht und zerstiebt, so entflammt der erstarrte Sonnenkörper bei dieser Katastrophe und verdampft wie ein gewaltiges Meteor. In Spiralen, die durch die Kreisnatur aller kosmischen Bewegung entstehen, verflüchtet sich der glühende Nebel in Nacht und Raum. Am 21. Februar 1901 genossen wir das Schauspiel eines solchen Sonnenunterganges. In der Milchstraßenebene im Bilde des Perseus leuchtete innerhalb 30 Stunden ein bis dahin unsichtbarer Stern zu solcher Helligkeit auf, daß er nur vom Sirius an Glanz übertroffen wurde. Das Spektroskop zeigte, daß das Licht von zwei Massen ausging, von denen die eine die normale Geschwindigkeit von 20 km besaß, die andere dagegen fast 50 mal schneller auf diese zustürzte. Ihre Bewegungen waren gegeneinander gerichtet. Die Entfernung des Katastrophenortes betrug ungefähr 200 Lichtjahre, so daß der Zusammenstoß in Wahrheit um das Jahr 1700 erfolgt sein mußte. Die Materie der zusammengeprallten Welten – oder vielleicht auch jener einen Welt, die hier in eine Meteorwolke geraten war, – verdampfte. Man sah die glühenden Gase in Spiralen mit Lichtgeschwindigkeit hinauseilen in den Weltraum – zwei tote Sonnen, die sich einst aus Nebel geballt, geleuchtet hatten und erloschen waren, kehrten hier zurück in die Urform des Sterndaseins, in den Urzustand aller Materie, in den Nebel (Abb. 21).

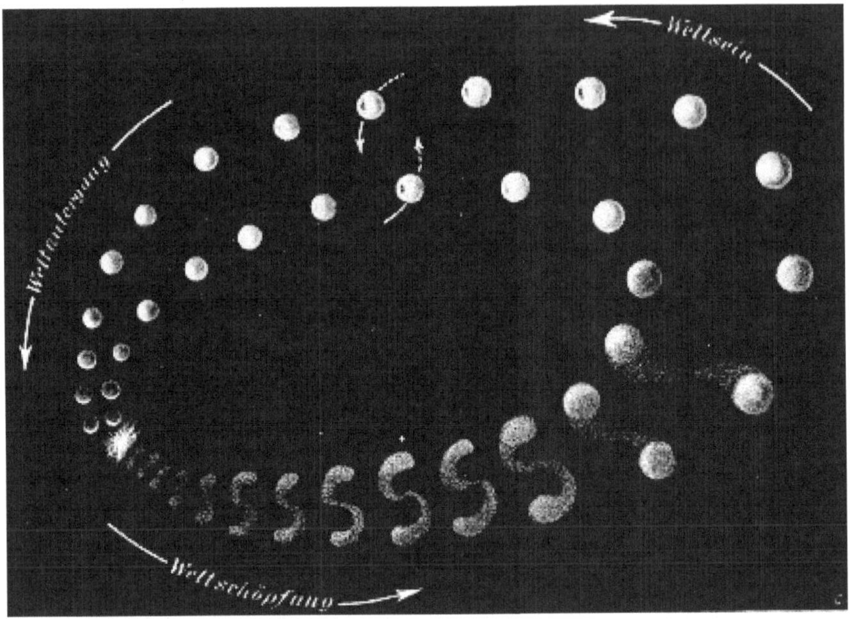

Abb. 21. Der Kreislauf der Sternmaterie vom Spiralnebel zum Doppelstern über die Sternenkatastrophe zurück zum Spiralnebel.

Der Kreislauf ist vollendet. Von Nebel zu Sonne, von Sonne zu Nebel, das ist der Kreislauf im Leben der Sterne. Staub bist du und Staub wirst du sein! ruft man dem Erdensohn an seinem Grabe nach, Nebel warst du und Nebel wirst du sein! kann man den Sternen in ihrer flammenden Todesnacht entgegenrufen.

Da nicht nur die Sonnen innerhalb ihres Haufens einsam durch ihre Bezirke wandern, sondern ganze Sterngruppen, ganze Sternhaufen dahinziehen wie die Hyaden, die Bärenfamilie, der Sternhaufen im Perseus, so gehen nicht nur einzelne Sonnen, sondern ganze Sonnenhaufen unter. Dann muß sich ein Weltbrand von überwältigender Größe und Tragik abspielen. Während wir Untergang und Wiedergeburt von Einzelsternen schon mehrere hundert Male sahen und jetzt mit der photographischen und spektroskopischen Methode alljährlich beobachten, wurde solch ein Schauspiel, das sich in sichtbarer Nähe vielleicht in Trillionen Jahren einmal zutragen mag, von Menschenaugen nicht erschaut. Aber wir sehen einen gewaltigen Nebel, der möglicherweise durch den Untergang eines Sternhaufens entstanden ist, und in dessen wilddurchwühltem Chaos sich nun die Sonnengeburt neuer Weltsysteme vollzieht: den Orionnebel*.

Abb. 22. Photographie des Orionnebels. (Phot. Wolf.)

Die Entfernung dieses größten aller Himmelsnebel, den selbst ein ungeübtes Auge mühelos unter den drei Sternen des Jakobstabes schimmern sieht, schätzt man auf 500 Lichtjahre. Wenn man auch seit den 30 Jahren der Himmelsphotographie noch keine Veränderung wahrgenommen hat, so ist doch alles an ihm untrüglich in Wallen und Wogen begriffen wie in Sturmeswolken, die der Orkan zerfetzt. Welche Fülle phantastischer Bilder zaubert der Anblick dieses Nebels nicht in uns hervor! Phantasien ohne Ende, ohne Schranken, aber auch ohne Halt und Beweis. Daher wollen wir uns bescheiden mit dem, was die Photographie uns als Tatsache von dieser Urwelt offenbarte: während in den Außenbezirken die Nebel in weiten Bögen und Zügen zehnmal weiter sichtbar, als dieses Bild hier reicht, sich im Raum verlieren, bilden sich im Kern schon neue Sonnen, neue Welten – aus der Asche steigt verjüngt der Phönix des Alls empor.

Und wir? Unsere Sonne leuchtet nicht mehr in Weißglut, Sonnenflecken, die Runzeln des Alters auf dem Antlitz der Sterne, trüben schon den Glanz ihrer Oberfläche, die äußersten Planeten, einst die Lieblingskinder der Mutter Sonne, sind erkaltet, erstorben, sind tote Felsenkugeln, auf denen selbst die Luft zu Eis gefror. Mag es noch Millionen und Millionen Jahre dauern, einst wird auch unsere Sonne in Rotglut verglühen und dann – auf Erden ist längst alles Leben erstarrt – treiben wir hin durch den Raum, ein Totenschiff im weiten Ozean des Alls, hin in jene Gegend, in der das Bild des Schwanes glänzt. Eine alte Sage erzählt, daß die Milchstraße den Schwalben den Weg zeige auf ihrem Flug, und daß sie dem Schwan am Himmel folgten. Die

Legende des Volkes wird im Gewand der Wissenschaft zur Wahrheit. Fliegen wir nicht dahin wie ein Schwarm von Vögeln, wir Planeten und Monde, geschart um unsere Führerin im glänzenden Gefieder, um unsere Mutter Sonne, fliegen und fliegen, bis sich an uns das tragisch-schöne Dichterwort erfüllt:

»Einst wird vom raschen Flug ihr strahlend Heer,ein müdes
Schwalbenvolk, heruntersinken«?

Mit diesem Flammentod der Sterne findet nicht nur ihre Entwicklungsgeschichte, sondern auch unser Wissen über die Sonnen, die das Milchstraßensystem zusammensetzen, einen natürlichen Abschluß. Wir haben von der Zusammensetzung, von den Einzelgliedern der Milchstraße ein zwar in fast allen Einzelheiten unsicheres, in seinen Grundzügen aber gewißlich zutreffendes Bild gewonnen. Was alle hervorragenden Weltbetrachter seit Demokrit vermutet haben, ist nunmehr wissenschaftlich bewiesen: die Milchstraße ist ein ungeheures Sternsystem. Ihr gürtelförmiger Anblick entsteht durch unsere Stellung inmitten dieser Weltinsel. Alle Sterne, die wir am Himmel erblicken, gehören diesem System an. Die helleren von ihnen sind uns verhältnismäßig nah und bilden mit unserer Sonne einen Sternhaufen, wie wir deren im Centaurn, im Herkules, im Tukan und an vielen anderen Stellen sehen. Die Zahl der Sterne, die das ganze System vereinigt, schätzt man auf 50–200 Millionen leuchtende und vielleicht hundertmal mehr nichtleuchtende Weltkörper. Der Abstand der Sterne voneinander ist unvorstellbar groß: das Licht braucht Jahre, um ihn zu überbrücken. Nichtsdestoweniger bildet das Milchstraßensystem eine geschlossene Einheit. Alle seine Sterne werden durch die Schwerkraft zusammengehalten. Jeder Stern ist eine Sonne von ähnlicher Größe und Beschaffenheit wie unsere Sonne, alle Sonnen sind aus den gleichen Elementen aufgebaut; alle entstehen in gleicher Weise aus Nebelkugeln durch Abkühlung und Zusammenziehung der gasigen Materie, leuchten zuerst weiß, dann gelb und verglühen schließlich in Rotglut; viele, wahrscheinlich alle werden von dunklen Planeten umkreist, die sich genau wie unsere Planeten nach den Keplerschen Gesetzen in Ellipsen um ihr Zentralgestirn bewegen und wie diese auf einem gewissen Stadium der Abkühlung nach allen Voraussetzungen der Vernunft und Wahrscheinlichkeit als bewohnbar und bewohnt anzusehen sind; alle diese Sonnensysteme bewegen sich mit ungefähr gleicher Geschwindigkeit von durchschnittlich 30 km in der Sekunde in ihren Sternhaufen und diese wieder durch das Milchstraßensystem; diese Bewegung ist nicht regellos, sondern erfolgt einerseits in Gruppen (Plejaden, Hyaden), andererseits in bestimmten Strömen, den sog. Heerstraßen der Sterne; auf ihrer Sonnenfahrt geraten die Sterne früher oder später in das Anziehungsbereich eines Nachbarsterns, bilden mit ihm ein Doppelsystem, indem sie sich in immer engeren Spiralen umkreisen, bis sie nach unvorstellbar langem Lebenslauf, meist längst erloschen, zusammenprallen und wieder zu Nebel verdampfen, womit der Kreislauf der Weltmaterie von neuem beginnt.

An der Existenz des Milchstraßensystems und seiner Einheit in Kraft, Stoff, Gesetz, Form und Entwicklungsgang kann somit kein Zweifel mehr bestehen. Das Milchstraßensystem existiert. Aber nun erst tauchen die großen Schlußfragen nach Gestalt, Größe und Mechanik des Gesamtsystems in ihrer ganzen Inhaltsschwere vor uns auf.

Die ersten mehr philosophierenden als forschenden Milchstraßenbetrachter hielten sie für ein einfaches linsenförmiges System, in dem die Sterne gleichmäßig verteilt sind. Nach ihrer Ansicht ist die Milchstraße nicht etwa, wie es uns scheint, als ein Ring von Sternen um uns vorhanden, sondern tritt nur dadurch in Erscheinung, daß wir in der Richtung der Linsenfläche außerordentlich viel weiter durch die gleichmäßig verteilten Sterne hindurchsehen müssen als in der Richtung der kurzen Linsenachse.

Allein von dieser Annahme einer gleichmäßigen Verteilung der Sterne kam schon Herschel durch seine Sterneichungen ab. Er erkannte, daß die Sterne in der Milchstraßenebene viel dichter zusammengedrängt stehen als außerhalb dieser Fläche, daß also die Milchstraße keine einfache optische Erscheinung infolge der Linsengestalt des Systems, sondern das Innenbild einer tatsächlich existierenden *Sternebene* ist. Von dieser Ansicht, daß die Mehrzahl der Sonnen des Milchstraßensystems in einer Hauptebene zusammengedrängt sind, ist kein späterer Forscher mehr abgewichen. Schon Kant bekennt sich zu ihr und vergleicht in tiefdenkerischer Betrachtung die Sonnenebene der Milchstraße mit jener Ebene, in der sich die Planeten des Sonnensystems bewegen (Ekliptik). Um jenen Spalt, der den Milchstraßengürtel auf ein Drittel seines Umfangs in zwei Ströme teilt, zu erklären, nehmen Herschel und Kant nicht eine, sondern zwei Hauptebenen im System an, die gegeneinander leicht geneigt sind und sich kreuzen wie die Bahnebenen der Planeten, und deren Auseinanderweichen uns als Stromspalt erscheint.

Aber die genauere Durchforschung der Milchstraße mit Fernrohr und vor allem mit der photographischen Platte hat eine solche Fülle von Einzelheiten und so viele Spuren feinerer Struktur in ihr zutage gefördert, daß auch diese Hypothesen nicht zur Erklärung der tatsächlichen Erscheinungen ausreichen. Schon die verschiedenen Seitenarme, die von der Milchstraße ausgehen und entweder scharf im Dunkel des Raumes abbrechen oder sich allmählich in den Weiten des Universums verlieren, widerstehen der Annahme einer Linsengestalt des Systems, auch wenn man diesem System zwei sich kreuzende Hauptebenen zuspricht. Einer dieser Seitenäste trennt sich im Bild der Kassiopeia vom Hauptstrom und verliert sich zwischen Hyaden und Plejaden. Ein anderer Nebenast geht von der Teilungsstelle bei Alpha Centauri ab und verliert sich im Sternbild des Wolfs. Ein dritter scharf abbrechender Ausläufer ist im südlichen Bilde des Schiffes wahrzunehmen. Außerdem bemerkt schon das unbewaffnete Auge, daß die Milchstraße keineswegs in gleichmäßigem Lichte schimmert, daß sie also nicht aus gleichmäßig verteilten Sternen besteht, sondern daß die Sterne in Haufen, Wolken und Zügen angeordnet sind. Nicht Myriaden einzelner Sterne, sondern hunderttausend Sternhaufen, deren jeder einige Hundert oder Tausend Sonnen vereinigt, setzen das System zusammen. Wie die Wolken über uns in einzelnen Ballen und Haufen ziehen, wie ein Heer nicht aus einzelnen Soldaten, sondern aus Regimentern und Bataillonen zusammengesetzt ist, so schweben die Sonnen in der Milchstraße in Gruppen, Scharen und Heereszügen. Die auffallendste der leicht wahrnehmbaren Wolken ist die berühmte Lichtwolke im Schwan.* Bei ihrem Anblick kann man sich des Gefühls nicht erwehren, daß hier Teile der Milchstraße uns bedeutend näher stehen als die übrigen lichtschwächeren Partien. Neben solchen Lichtwolken und Sternanhäufungen findet man wieder, wie ebenfalls schon erwähnt wurde, auffallend stern- und nebelarme Stellen, ja direkte Lücken, Risse, Spalten, Kanäle und Löcher. Die größte Milchstraßenöffnung liegt gerade dicht neben der Lichtwolke im Schwan und wurde von Oehl die dunkle Weltwolke genannt, von den späteren Forschern dagegen mit dem jetzt üblichen Namen »nördlicher Kohlensack«* bezeichnet. Der große südliche Kohlensack liegt im Kreuz. Der hervorragende Milchstraßenforscher Easton, der 10 Jahre seines Lebens von 1882 bis 1892 dem Studium der Milchstraße widmete, führt in einem besonderen Katalog 164 helle und dunkle Flecke in ihrem Gürtel an. Von diesen geben uns die prachtvollen Photographien der Milchstraße, wie sie uns namentlich Wolf, Barnard, Gill, geliefert haben, eine anschauliche Vorstellung.

Abb. 23. Photographie eines Teiles der Milchstraße.

Welch eine Macht strahlt uns von diesen Bildern! Kann ein Abendmahl von Leonardo, eine Madonna von Raffael, eine Toteninsel von Böcklin tiefer auf uns wirken als diese schwarze Fläche besprenkelt mit Punkten und Pünktchen? Jeder Punkt eine Welt! Wir selbst, unsere große weite Erde, ja unsere ganze Sonnenwelt bis zum 4000 Millionen km entfernten Neptun, nichts als ein kleiner leuchtender Punkt! Gibt es einen Gedanken, der einerseits gewaltiger und erhabener ist, andererseits uns zu tieferer Demut führen kann als ein solches Bild der Milchstraße? Verwirklicht sich in diesen Photographien nicht geradezu jene Vision, die den jugendlichen Schiller angesichts des Himmels begeisterte zu der Hymne von der Größe der Welt:

»Anzufeuern den Flug weiter zum Reich des Nichts,Steur' ich mutig fort, nehme den Flug des Lichts,Neblicht trüberHimmel an mir vorüber,Weltsysteme, Fluten im Bach,Strudeln dem Sonnenwanderer nach.«

Gewinnt nicht das Goethesche Wort »Seele des Menschen, wie gleichst du dem Wasser, Schicksal des Menschen, wie gleichst du dem Wind« angesichts dieser Offenbarungen des Himmels einen geradezu kosmischen Inhalt? Wehen diese Sonnen nicht dahin im All wie Sand im Winde? Bezeugt uns nicht jedes dieser Pünktchen, daß nicht nur das Leben des einzelnen

Menschen, sondern das Leben unseres ganzen Geschlechts, der ganzen Erde, unserer ganzen immensen Sonnenwelt nur eine Welle ist im großen Ozean der Welt, emportaucht als eine Welle aus dem Chaos des Urnebels, um nach kurzen Rhythmen zu verrinnen im großen Strom der Sonnen? Aber zu der Demut, im Ring der Milchstraße mit all unserem Können, Wissen und Wollen, mit unserer ganzen heiß errungenen Kultur und Kulturgeschichte nur ein Staubkorn in der Nähe eines solchen leuchtenden Pünktchens zu sein, fügt sich der Stolz, von diesem Sonnenstäubchen Erde dieses Bild der Welt erfaßt zu haben kraft des Geistes, der uns beseelt, kraft der moralischen Idee, die uns befiehlt, das Erforschliche zu erforschen und das Unerforschliche zu verehren, und die Kant, der große bahnbrechende Milchstraßenforscher, der Macht des Himmels als einzig würdig gegenüber gestellt in seinem berühmten Satz: »Zwei Dinge erfüllen das Gemüt mit immer neuer und zunehmender Bewunderung und Ehrfurcht, je öfter und anhaltender sich das Nachdenken damit beschäftigt: der bestirnte Himmel über mir und das moralische Gesetz in mir.«

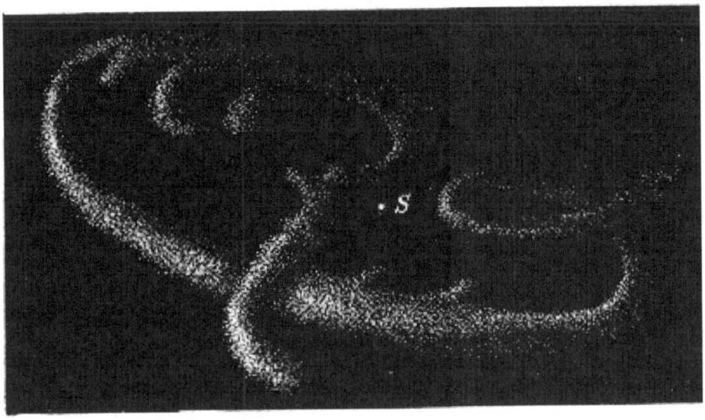

a

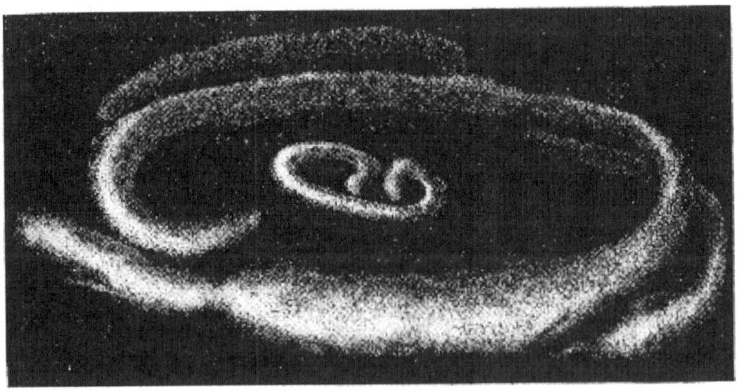

b

Abb. 24. Milchstraßensystem nach Proktor.

Um alle Einzelheiten des Milchstraßenanblicks durch eine einheitliche Hypothese zu erklären, nahm *Proktor* an, sie sei ein Ringsystem von Sternen, wie es uns der berühmte Ringnebel in der Leier vor Augen führt (Abb. 25). Entweder sei sie ein offener aufgerollter Ring, dessen eines Drittel sich nahe an uns vorbei winde und so erstens die Lichthelle der Schwanwolke, zweitens infolge des Durchblicks die Stromspaltung und drittens durch seine Öffnung den Kohlensack neben der Schwanwolke erkläre (Abb. 24a). Oder aber, und das schien ihm wahrscheinlicher, die Milchstraße sei ein Doppelringsystem mit leicht spiralischer Aufrollung, das aus einem inneren kleineren Ring besteht, in dem sich die Sonne befindet und dem die hellen Milchstraßenteile angehören, und einem entfernteren größeren Ring, dem die matten Teile des Gürtels entsprechen. Durch die Lage der Bänder, durch Unregelmäßigkeiten, Unterbrechungen und Schlingen ließen sich die Einzelheiten des Milchstraßenbildes erklären (Abb. 24b).

Die Milchstraßenhypothese von Proktor ist als ein großer Fortschritt gegenüber den Kant-Herschelschen Ideen zu bezeichnen, da sie wenigstens die Haupterscheinungen zu erklären sucht. Aber abgesehen davon, daß sie in vieler Hinsicht einer tieferen Kritik nicht standhält, ist ihre Hauptstütze, nämlich der Hinweis auf das Vorhandensein ähnlicher ringförmiger Sternsysteme am Himmel, hinfällig geworden. Alle Ringnebel sind, wie die Spektralanalyse bewiesen hat, echte Gasnebel in verhältnismäßig geringer Entfernung, stehen unzweifelhaft innerhalb der Milchstraße und sind keine entfernten nebelig erscheinenden Sternsysteme. Der Ringnebel in der Leier* ist nur ungefähr 32 Lichtjahre von uns entfernt, also eines der uns allernächsten Himmelsobjekte und dementsprechend kein gewaltiges Sternsystem, sondern nur etwa 100- bis 1000fach größer als unser Sonnensystem. Der Ring, der schon einzelne Lichtknoten zeigt und offenbar kurz vor seinem Zerfall in einzelne Weltkörper steht, umläuft sein schon stark verdichtetes Zentrum in schätzungsweise 10 000 Jahren.

Dagegen hat ein anderer Forscher, *Easton*, mit größerem Glück versucht, die Milchstraße gewissen Nebelgebilden gleichzusetzen, die wir am Himmel erblicken, nämlich den *Spiralnebeln*. Um nämlich von einem Nebel sagen zu können, er sei ein sehr fernes als Nebel erscheinendes Milchstraßensystem, muß man von ihm beweisen oder wenigstens wahrscheinlich machen können, daß er nicht innerhalb unserer Milchstraße, sondern weit außerhalb derselben im freien Allraum schwebt. Wenn es uns auch bis heute noch nicht gelungen ist, von irgendeinem Nebel eine sichere zahlenmäßige Bestimmung seiner Entfernung auszuführen, so kann man doch von den meisten aus ihrer Stellung ihre Zugehörigkeit zum Milchstraßensystem erkennen. Die planetarischen Nebel, aus deren Gaskugeln sich durch Verdichtung die Sonnen bilden, und die eigentlich nichts anderes vorstellen als Sonnen und Sonnenhaufen in jugendlichem Zustand, finden sich fast ausschließlich in der schmalen Zone der Milchstraße und hier in solcher Fülle, daß ihre Zugehörigkeit zur Milchstraße nicht angezweifelt werden kann. Ebenso schließen sich die ihnen verwandten Ringnebel, wie jener in der Leier, eng an die Milchstraße an. Die Sternhaufen, die aus diesen Kugel- und Ringnebeln entstehen, und deren Entfernung wir ebenfalls nicht genau bestimmen können, sind in der Milchstraßenebene so dicht zusammengedrängt, daß sie geradezu eine Kette bilden, die mit der Milchstraße zusammen den Himmel umschließt. Zeichnet man in eine Sternkarte unter Fortlassung der Milchstraße alle bekannten Sternhaufen ein, so erhält man ein Sternhaufenband, das genau dem Laufe der Milchstraße entspricht und das man die Milchstraße der Sternhaufen nennen könnte.

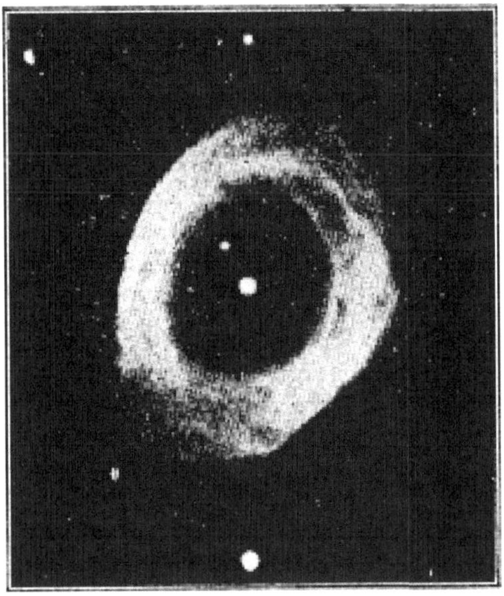

Abb. 25. Ringnebel in der Leier (Phot. Ritchey.)

Im Gegensatz zu den regelmäßigen Nebeln und den Sternhaufen, die im Milchstraßenzug gruppiert sind, bekunden die unregelmäßig gestalteten Gasnebel ihre Zugehörigkeit zum System gerade durch ihre Stellung außerhalb der Milchstraßenzone und durch ihre Anhäufung an den Polen der Milchstraße, also an jenen Stellen, die von dieser am weitesten entfernt sind. Der nördliche Pol* der Milchstraße liegt im Haar der Berenice, nicht weit vom Arktur. Hier sind die Nebel so dicht zusammengedrängt, daß sie ganze Ketten und Gruppen bilden, die man »Nebelnester« nennt. Der erfolgreiche Milchstraßenforscher Max Wolf in Heidelberg, dem wir die meisten unserer Nebelphotographien verdanken, entdeckte hier auf einer einzigen photographischen Platte 1528 einzelne Nebel! In gleicher Fülle sind am entgegengesetzten Südpol, der jedoch bei weitem noch nicht so genau erforscht ist, Tausende von Gasnebeln aufs engste zusammengeschart. Aber auch zwischen Milchstraßenpol und Äquator ist der ganze Himmel mit Nebeln aller Art geradezu übersät. Die photographische Durchforschung des Himmels, die bisher schon Zehntausende entdeckt hat, wird diese Zahl auf 100 000 vermehren. Trotz der Überfülle der Nebel, die den ganzen Raum um uns allseitig bevölkern, scheinen auch hier gewisse Verteilungsgesetze zu wirken. So zieht ein besonders dichter Zug vom Milchstraßenpol über das Bild des Großen Bären, kreuzt die Milchstraße im W der Kassiopeia und läuft durch die Andromeda zum Südhimmel hinüber, wo er sich offenbar fortsetzt, um sich wieder zum vollständigen Kreis zu schließen. Dieser Nebelstrang, den man »die Milchstraße der Nebelflecke«* genannt hat, läuft also senkrecht zur Milchstraßenebene von Pol zu Pol, so wie die Erdachse senkrecht zur Äquatorebene von Nordpol zu Südpol läuft. Für die weitere Erklärung der Milchstraßenmechanik wird diese Nebelstraße von großer Bedeutung sein. Jedenfalls verrät die Stellung der planetarischen Nebel und der aus ihnen hervorgehenden Sternhaufen in der Milchstraßenebene und der unregelmäßigen Nebel in der Nähe und in der Verbindungslinie der Milchstraßenpole einen Gegensatz, der gewiß nicht seiner tieferen Ursachen entbehrt und in jedem Erklärungsversuch des Milchstraßensystems unbedingt weitgehendste Berücksichtigung erfahren muß.

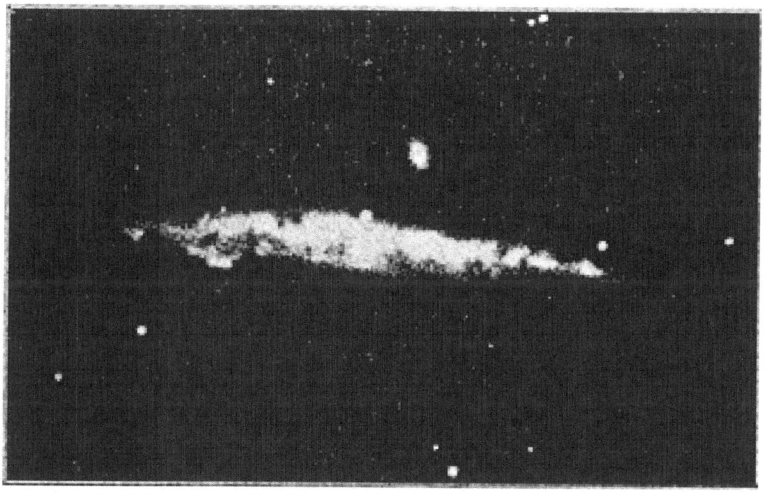

Abb. 26. Photographie des Heringsnebels (nach Wolf).

Von diesen unzweifelhaft systematisch verteilten und dem Milchstraßensystem angehörenden echten Gasnebeln sind jene Nebelflecke streng zu trennen, die nicht aus leuchtenden Gasen, sondern aus einzelnen Weltkörpern zusammengesetzt sind. Im Fernrohr sind sie von jenen nicht zu unterscheiden und wurden – und werden noch leider allzuhäufig – mit ihnen ohne Unterschied zusammengestellt und zusammen behandelt, als seien es dieselben Gebilde. Während sich aber alle echten Gasnebel durch ihr helliniges Spektrum als leuchtende Urmaterie zu erkennen geben und einzig darum so hell und plastisch erscheinen können, weil sie uns verhältnismäßig nahe stehen, enthüllen uns die nun zu besprechenden Nebelgebilde ein von dunklen Linien durchzogenes schwaches Bänderspektrum, wie es die Sonne und die Sterne zeigen, und charakterisieren sich uns damit als tausendmal weiter entfernte gewaltige Sternsysteme, als Weltinseln, als Milchstraßen, die von uns so fern sind, daß ihr ganzer Glanz zu einem blassen Nebelschimmer verschwimmt, den kein Auge, kein Fernrohr, sondern nur noch das Spektroskop und die photographische Platte als Sonnenwelt erkennen. Wem ist es nicht schon zugestoßen, daß er eine Wolke, die im Abendglühen über seinem Hause schwebte, für eine Alpenlandschaft ansah, in der er Berge und Täler, Firne und Gletscher, Nebel und Himmel und dahinter ein weites blaues Meer zu sehen vermeinte? Und wer sah nicht schon ein Gebirge in der Ferne am Horizont aus dem Dunst der Atmosphäre emportauchen mit echten Bergen und Tälern, Firnen und Gletschern, so weit und so entfernt, daß es wie eine Wolke erschien, die am Firmamente hängt? Wie die nahe Wolke so umschweben uns in Sternennähe jene Nebel aus leuchtenden Gasen. Aber wie das wolkenartig schattenhaft erscheinende Gebirge, so schimmern aus Unendlichkeitsfernen jenseits unserer Milchstraßenwelt uns die fremden Sternsysteme entgegen, Wolken scheinend, doch in Wahrheit Sonnenwelten, Milchstraßen.

Abb. 27. Photographie des Nebels H. V. 24 (nach Wolf).

Diese Milchstraßensysteme besitzen ausnahmslos Spiralgestalt, die sich je nach der Lage des Systems mehr oder minder deutlich zu erkennen gibt. Im Haar der Berenice entdeckte Wolf den Nebel der Abb. 26, den die

Astronomen den »Hering« nennen. Aber dieser Hering ist ein Weltsystem von unerkennbar vielen Sonnen, ist eine Milchstraße von der Kante gesehen. Wenn uns eine Macht in jene Fernen des Weltalls führte, in denen dieser Heringsnebel schwebt, und uns in sein Inneres versetzte, so weitete sich dieses Wölkchen vor und um uns zum Milchstraßengürtel, der unseren Himmel umringte, unsere Milchstraße hinter uns aber schrumpfte und schrumpfte, bis sie in der Ferne entschwände, verdämmernd zu einem Heringsstreif.

Dicht daneben fand Wolf den Nebel der Abb. 27, der zu den schönsten Erscheinungen des Himmels gehört. Er unterscheidet sich vom Hering durch seinen deutlich hervortretenden Kern, wodurch er auffällig an den ringsumkreisten Saturn erinnert. Aber dieser Nebel ist kein naheschwebender Planet im frühen Zustand seines Werdens, auch er ist ein Weltsystem von Sonnen wie unsere Milchstraße, das durch seine ungeheure Entfernung, – Wolf schätzt sie auf 500 000 Lichtjahre – als zierlicher Nebel erscheint. Schon an diesem flach gesehenen Nebel kann man besonders in der oberen Hälfte deutlich die Spiralen erkennen, in denen die Sonnen um das Zentrum des Systems kreisen.

Erheben wir uns mit unserem Blick noch mehr über die Fläche einer solchen Sonnenwelt, so erscheint sie uns in der entrollten Schönheit des großen Andromedanebels*, den das unbewaffnete Auge in klaren Nächten rechts neben dem oberen Leitstern im Bilde der Andromeda als verwaschenes Fleckchen erkennt (Abb. 28). Linse, Prisma und photographische Platte haben sich erfolgreich wie in keinem anderen Fall zur Enträtselung dieses Nebelpünktchens verbündet und unter der Feldherrnführung scharfsinniger Astronomen einen der schönsten Triumphe der entdeckenden Himmelsforschung erstritten. Kein Himmelsgebilde jenseits unseres Planetensystems ist mit dem gleichen Aufwand von Fleiß und Ausdauer erforscht worden wie dieser Nebel. Der Astronom *Bohlin* allein soll den Andromedanebel über 40 000 mal eingestellt haben. Aber wie überall, wo sich Können und Wollen zur Tat vereinigten, ist auch hier die Mühe belohnt worden, denn über keine Erscheinung ähnlicher Art sind wir annähernd so gut unterrichtet wie über den Andromedanebel.

Auch hier glühen uns nicht, wie es den Anschein hat, leuchtende Gase in chaotischer Glut entgegen, sondern Sonnen: der Andromedanebel ist ein fernes Sternsystem und zwar von allen das unserer Milchstraße nach Bau, Entwicklungsstand und Form ähnlichste. Wie in unserer Milchstraße sind in ihm echte Sonnen und verstreute Nebelmaterie gemischt. Diese Sonnen, die wir einzeln nicht erkennen, sondern nur mit Hilfe der Spektralanalyse durch die Natur ihres Gesamtlichts erforschen können, bestehen wie die Sonnen unserer Milchstraßen aus einem feuerflüssigen oder festgasigen Kern und einer leuchtenden Gasatmosphäre. In diesen Sonnen des Andromedanebels glühen dieselben Stoffe Wasserstoff, Helium, Eisen, Kohlenstoff, Titan unter denselben Bedingungen wie in unserer Milchstraße. Die Welt ist eines, einzig und einig!

Während aber in unserer Milchstraße die jungen heißen Siriussonnen der ersten Spektralklasse weitaus überwiegen und die kälteren Sterne von der Art unserer Sonne in der Minderzahl sind, setzt sich das Andromedasystem aus vorwiegend gelbleuchtenden Sternen der zweiten Spektralklasse zusammen. Das Andromedasystem ist älter als unsere Milchstraße. Ganz unverkennbar ist die Spiralnatur dieser Welt. Von einer gewaltigen Sternanhäufung im Mittelpunkt laufen die Sonnenströme in drei großen Spiralwindungen um das Zentrum. Die einzelnen Spiralen sind durch sternleere Spalten getrennt. An den Umbiegungsstellen der Spiralen scheinen die Sonnen dichter zusammenzustehen als in den Längsseiten. Die Entfernung des Systems schätzt Wolf auf 32 000, Scheiner sogar auf 500 000 Lichtjahre. Seine Eigenbewegung im Raum nähert es uns in jeder Sekunde um 300 km.

Abb. 28. Photographie des Andromedanebels.

Wer kann von nun an ohne tieferes Gefühl zu diesem Wolkenpünktchen am Himmel aufschauen? Der Andromedanebel ein Weltsystem wie unsere Milchstraße! 100 Millionen Sonnen kreisen in ihm wie in unserer Milchstraße, jede einer Schar von Planeten und Monden Licht und Wärme spendend, Planeten, auf denen Wesen wohnen wie auf unserer Erde oder gewohnt haben wie auf Neptun und Uranus oder einst wohnen werden, wie vielleicht auf Jupiter und Venus! Auf wieviel Myriaden sonnenbeschienener Planeten dieses Weltsystems mögen Wesen wohnen auf der gleichen Stufe der geistigen und körperlichen Entwicklung wie auf unserem Erdball, auf wievielen mögen naive Wesen hinausschauen in die Nacht und Märchen und Legenden spinnen über die leuchtende Pracht zu ihren Häupten, wie es unsere Vorfahren getan. Auf wieviel anderen mögen forschende Wesen ansässig sein, die mit Instrumenten, mit Fernrohrlinsen, Prismenapparaten ins Universum lugen und unsere Milchstraßenwelt als ein Wölkchen am Firmament erblicken, unseren großen himmelfüllenden Sonnenkranz, unsere weltumspannende Milchstraßenherrlichkeit – ein Wölkchen in dunkler Nacht!

Der Andromedanebel ist das einzige Gebilde, von dem man mit einer Wahrscheinlichkeit, die fast an Gewißheit grenzt, behaupten kann, daß es ein fernes Milchstraßensystem darstellt. Hier müßte alles trügen, wenn wir nicht eine Milchstraßenwelt vor uns sehen. Weit weniger sicher erscheint uns die Milchstraßennatur des Spiralnebels im Großen Bären, der ebenfalls aus Sonnen und Nebeln zusammengesetzt ist und unzweifelhaft jenes Bild darbietet, das eine Milchstraßenspirale in voller Flächenansicht uns vor Augen führen würde (Abb. 29).

Von einem Nebelzentrum laufen sternbesäte Spiralen in harmonischen Windungen nach allen Seiten aus wie die Feuerarme einer kreisenden Rakete, bis sie in immer schwächeren Läufen sich in Nacht und Nichts verlieren. Aber im Gegensatz zu dem dämmerig schimmernden Andromedanebel, in dem alle Teile der breiten Spiralen in gleichmäßiger Mattheit verschwimmen, ist dieser Nebel so plastisch reich an Einzelheiten, an scharfen Kontrasten zwischen Lichtknoten und dunklen Stellen, an Übergängen und Ausläufern, Nebelschweifen und Wolkenbrücken, daß man sich des Gefühls – nur das Gefühl vermag hier zu entscheiden – nicht erwehren kann, dieses Gebilde ist uns unverhältnismäßig näher als der Andromedanebel, schwebt innerhalb unserer Milchstraße und ist kein Weltsystem, sondern ein Sternnebel, aus dem sich die Sonnen eines engen Haufens aus Nebelchaos ringen. Mag er nur 370, oder, wie Wolf schätzt, 370 000 Lichtjahre von uns entfernt sein, mag er ein wahres Schwestersystem unserer Milchstraße sein oder nur ein Sternhaufen in ihr und uns nur lehren, daß im Kosmos auch das kleinere Einzelsystem ein treues Spiegelbild des großen Ganzen ist, auf jeden Fall gibt uns dieser Spiralnebel eine anschauliche Vorstellung von dem Anblick einer Sternspirale in ihrer ganzen Flächenausbreitung.

Abb. 29. Photographie des Spiralnebels im Großen Bären (nach Wolf).

Die Reihenübersicht über die Spiralgebilde vom Kantenbild des Herings über die Schrägansicht des Andromedanebels zur Flächenbetrachtung des Sternsystems im Großen Bären wird vervollständigt durch die Erscheinung – der Milchstraße. *Die Milchstraße ist nach der Hypothese von Easton das Innenbild einer großen Weltspirale.* Wir leben im Innern eines Spiralsystems, wie wir es als Andromedanebel in weiter Ferne erblicken. Von ihrer genaueren Gestalt entwarf Easton folgendes Bild. Von einem Zentralkern, der von uns aus betrachtet in der Richtung des Schwans gelegen ist, und den wir als Lichtwolke im Schwan leuchten sehen, laufen die Sternzüge in drei breiten Hauptspiralen aus. Der erste uns nächste Arm umkreist uns direkt und läuft – immer in der scheinbaren Projektion auf die uns nahen Sternbilder gesehen – vom Schwan über den Adler um den ganzen südlichen Himmel, bis er sich an der Gegenseite in der Nähe des Sirius verläuft. Der zweite Hauptarm liegt von uns aus betrachtet hinter dem ersten, ist uns also ferner und daher lichtschwächer. Indem er sich dicht hinter seiner Ursprungsstelle vom ersten Arm trennt und bald darauf wieder mit ihm vereinigt, entsteht nahe der Lichtwolke im Schwan der nördliche Kohlensack, durch den wir zwischen den beiden Armen in den dunklen Raum hinausschauen. Nach seiner Trennung vom ersten Arm umkreist er das ganze System und hat den Hauptanteil an der Gürtelerscheinung der südlichen Milchstraße. Der dritte kurze kräftige Hauptarm läuft in entgegengesetzter Richtung nach Norden ins Bild des Perseus, wo er ziemlich scharf und unvermittelt abbricht.

Zwischen seinem und des ersten Armes Ende bleibt eine Lücke im Milchstraßenring, jene dunkle Gasse, die wir zwischen dem Fuhrmann und dem Perseus erkennen. Diese drei Spiralarme liegen nicht genau in einer Ebene, sondern weichen ähnlich wie die Planetenbahnen im Sonnensystem etwas vom idealen Äquator des Systems ab. Da außerdem zwischen ihnen ebenso wie zwischen den Armen des Andromedasystems sternfreie Spalten bleiben, so sehen wir zwischen den beiden Hauptspiralen hindurch in den dunklen Weltraum hinaus – die Milchstraße erscheint uns in einem Drittel ihres Laufes durch einen dunklen Spalt in zwei Ströme geteilt. Dieser oft erwähnte Milchstraßenspalt entspricht also genau den dunklen Spalten, die wir zwischen den Spiralwindungen des Andromedanebels erkennen.

Die wahre Größe dieser Spirale kann man natürlich nur schätzungsweise bestimmen. Die Milchstraße ist offenbar wie der Andromedanebel ungefähr halb so breit wie lang und von geringer Höhe, so daß man an die Linsengestalt des Systems, wie sie Kant und Herschel vorschwebte, festhalten kann. Aus der Entfernung der äußersten Sterne hat man die Längsachse des Systems auf 15 000–50 000 Lichtjahre, die Querachse auf 5000–20 000 Lichtjahre geschätzt, Grenzwerte, die zwar in ihren Zahlen stark voneinander abweichen, aber übereinstimmen in einem, in ihrer Unfaßlichkeit für menschliche Begriffe.

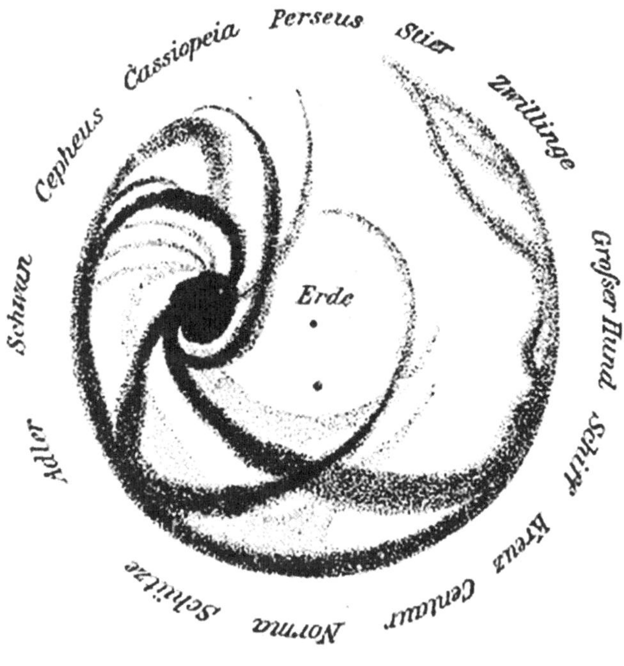

Abb. 30. Milchstraßensystem nach Easton (unter Benutzung einer Zeichnung von Riem).

Mit größerer Sicherheit läßt sich die Stellung unserer Sonne in diesem Spiralsystem bestimmen. Da uns der Milchstraßengürtel von Einzelheiten abgesehen allseitig fast gleich breit und hell erscheint, müssen wir uns im zentralen Teil des Systems befinden. Stände die Sonne genau in der Äquatorebene der Milchstraße, so müßte ihr Ring den Himmel in zwei genau gleiche Hälften teilen, sie müßte, wie der technische Ausdruck lautet, einen größten Kreis am Himmel beschreiben. Dies ist aber nicht der Fall. Die Milchstraße schneidet den Himmel in zwei Teile, die sich wie 7:8 verhalten. Da der nördliche Teil der größere ist, steht unsere Sonne etwas nördlich von der Mittelebene des Systems. Sie schwebt aber nicht etwa isoliert außerhalb der allgemeinen Ebene, sondern inmitten eines kugeligen, leicht abgeplatteten Haufens, dem fast alle helleren Sterne des uns sichtbaren Himmels angehören, und dessen Mittelebene gegen die Milchstraße um 20 Grad geneigt ist. Der Mittelpunkt dieses Haufens, gegen den sich die Sterne ebenso verdichten wie in dem S. 19 abgebildeten Haufen im Centaurn, liegt im Sternbild Norma (auf dem südlichen Himmel nicht weit von Alpha Centauri). In diesem Sternhaufen, dessen Sterne fast sämtlich der 2. Spektralklasse, dem Sonnentyp, angehören, stehen wir ziemlich weit in der Richtung auf den Perseus vom Zentrum entfernt. Unsere Sonne bildet hier mit den 6 Sternen Kapella, Beteigeuze, Wega, Atair, Theta im Großen Bären und dem berühmten Doppelstern 61 im Schwan, an dem Bessel die erste Fixsternentfernung bestimmte, eine engere Gruppe nach Art der Plejaden, die durch eine gemeinsame Gruppenbewegung auch äußerlich charakterisiert ist. Vielleicht gehören diesem Siebengestirn, dessen Entdeckung wir dem verdienstvollen Fixsternforscher Kobold in Kiel verdanken, noch die drei Sterne Antares im Skorpion, Aldebaran und Etha in der Kassiopeia an. Die beiden fernsten Sterne dieser Gruppe, Beteigeuze und Antares, stehen 150 Lichtjahre, also fünfmal weiter auseinander als die beiden äußersten Sterne der Bärenfamilie Merak und Mizar. Rings um den großen Sternhaufen, in dem dieses Siebengestirn eine kleine Gruppe bildet, liegt eine sternarme Zone wie um den Haufen im Centaurn. Aber auch dieser große Haufen ist keineswegs vom allgemeinen Spiralzug der Milchstraßensterne getrennt. Es scheint vielmehr, als ob von ihm aus zwei kleinere Sternströme ins Milchstraßeninnere führen, einer direkt zum Knotenpunkt im Schwan, der andere in die Gegend des Fuhrmanns laufend, so daß uns in diesen beiden Richtungen die Sterne mittlerer Größe, also jene Sterne, die uns näher stehen als die eigentlichen Milchstraßensterne aber ferner als die Sterne unseres Haufens, dichter und zahlreicher erscheinen als in den übrigen Teilen des Himmels. Die Entfernung unseres Sonnensternhaufens von der Lichtwolke im Schwan, dem Knotenpunkt der Milchstraßenspirale, beträgt ungefähr 1300 Lichtjahre.

So sind wir im Rahmen einer großzügigen Hypothese über die Gestalt des Milchstraßensystem und über unsere Stellung in ihm gut unterrichtet.

Bedeutend haltloser ist unser Wissen über den Ursprung, die Entwicklung und den Bewegungsmechanismus dieser Sterninsel. Daß unsere Milchstraßenwelt keine tote Schöpfung, kein starr glitzerndes Naturgemälde, sondern eine treibende Weltmaschine ist, bedarf keines Beweises mehr. Wenn es uns die Tatsachen der allgemeinen Sternbewegungen, das Aufleuchten neuer Sterne, das Dahinstieben dampfender Nebel und der Reichtum der Übergänge von heißen Nebelsternen bis zu halberloschenen Sonnenkörpern nicht untrüglich verraten hätten, so würde es uns ebenso der Anblick der fremden Weltnebel auf allen Stadien der Entwicklung und Bewegung wie die Umschau in der Milchstraße selbst bezeugen. Die Spiralsysteme des Himmels sind sprühende Weltraketen und jeder Funke ist eine Sonne! *Wir* sehen diese Bewegung nicht, sehen nicht das Sprühen und Glühen, Drehen und Wehen, wir nicht, wir staubgeborenen Erdensöhne. Denn wenn eine einzige Umdrehung dieser Weltraketen nach der Schätzung der Astronomen 20 Millionen Jahre dauert, und wenn, wie wir erfahren haben, diese Sonnenräder so weit von uns entfernt sind, daß die ganze Milchstraßenpracht zu einem Nebelpünktchen verblaßt, wie sollten Menschen, die 70 Jahre leben, auch nur die Hälfte, ein Viertel, ja ein Hundertstel oder Zehntausendstel solcher Umdrehung sehen? Wir stehen vor diesen Welten wie ein Mensch, dem man in finsterer Nacht eine hunderträdrige Maschine während eines kurzen Blitzes schauen läßt. Die Maschine dreht sich, aber die Blitzsekunde ist zu kurz, um auch nur *einen* Radlauf, *einen* Kolbengang, *einen* Hebelschwung zu sehen – die kreisende Maschine steht vor seinem Auge still. Kann man erwarten, daß dieser Mensch den Mechanismus der Maschine in diesem Bruchteil der Sekunde begreift?

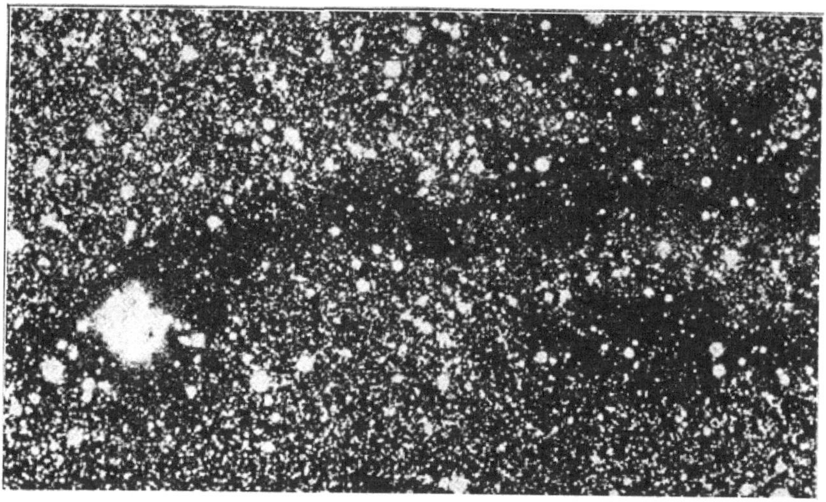

Abb. 31. Der Kokon-Nebel im Schwan. (Phot. Wolf.)

Unbeweglich starr und stumm steht die Milchstraße in allen ihren Teilen vor uns. Aber selbst in ihrer Starrheit gibt uns jeder Punkt und jedes Wölkchen Kunde von dem großen πάντα ῥεῖ, dem »alles fließt« im Sternenstrom der Welt. Wohin wir das Fernrohr richten, überall sehen wir neben dem ruhigen Fluß der großen Milchstraßenspiralen die Spuren gewaltiger katastrophaler Bewegungen. Allenthalben entdeckt das Fernrohr Nebelströme, Wolkenzüge, vom Weltsturm zerfetzte Streifen, vom Strom der Sonnen durchflutete Kanäle; bald kreuzen sich die Züge, bald spalten sich die Straßen; hier lodern Nebel wie Weltenfackeln, dort stieben Sonnen auseinander wie Granatensplitter; feurige Kugeln bahnen sich durch kosmisches Gewölk ihren Flammenweg, alles verheerend, was sich ihnen entgegenstellt, beiseite schiebend, was ihnen ihren Sonnenflug versperrt. Wie eine Kartätsche durch Wolkenfetzen schlägt, so bahnt sich jener Feuerball, den wir als den sog. Kokonnebel im Bild des Schwans erblicken, seinen Weg durch die Weltwolken der Milchstraße, weit hinter sich durch eine dunkle Gasse die Spuren seines Pfades verratend. (Abb. 31). Wieviel Trillionen Meilen mag sich diese Weltgranate durch den Sternenstrom geschlagen haben, seit wieviel Äonen von Jahren mag sie schon auf ihrer Fahrt begriffen sein? Wieviel Myriaden von Welten mag sie auf ihrer Flammenbahn zermalmt, versengt, vernichtet haben?

Im Schlangenträger sehen wir einen Kranz von glühenden Welten wie Fackeln in neblichter Nacht schwelen (Abb. 32). Leuchten hier die Totenfackeln einer Sternengruppe, ähnlich den Plejaden unserer Nachbarschaft, Totenfackeln, die uns an die Vergänglichkeit *aller* Dinge dieser Welt, auch an den Tod der Sterne mahnen?

Abb. 32. Photographie der Milchstraße im Schlangenträger. (Phot. der Yerkes-Sternwarte.)

Im Bilde des Schwans, jener Himmelsstelle, an der uns die Milchstraße durch ihre wahrscheinliche Nähe die größte Zahl von Wundern offenbart, fand Wolf auf photographischem Weg einen Nebel, von dem selbst das stärkste Fernrohr keine Spur entdecken ließ, weil er in ultraviolettem Lichte leuchtet. Er nannte diesen Nebel wegen seiner Ähnlichkeit mit dem amerikanischen Kontinent den Amerikanebel. (Abb. 33). Wir sehen diese Nebelwolke nur in der Fläche. Man muß sie sich aber als plastischen Körper denken, von der Gestalt eines Kreisels, wahrscheinlich sogar hohl wie ein Trichter. Dieser Nebeltrichter sprudelt offenbar in rasender Wirbelbewegung mit seiner abwärts gerichteten Spitze nach vorn durch den Raum, alle Welten, denen er sich naht, in seinen feurigen Wirbel reißend, so daß er rings von einer sternarmen Hülle, von einer verödeten Himmelszone umrändert ist. Wo gibt es eine Phantasie, die sich die Wirklichkeit, die hinter diesem wallenden Nebel sich verschleiert, auszumalen imstande wäre, wo einen Geist, der diese Welttragödie, deren Aktschluß wir hier in Flammenschrift geschrieben sehen, in Gedanken zu umspannen vermöchte?

So überzeugend diese Bilder für die Bewegungen im Milchstraßensystem sprechen, so wenig klären sie uns über die Natur und die Gesetze dieser Bewegung auf. Nur eines können wir unmittelbar aus dem Überblick über die Richtungen der Nebelzüge, Brücken und Kanäle wahrnehmen. *Die allgemeine Drehrichtung des Milchstraßensystems ist eine einheitliche* und zwar ebenso wie die unseres Planetensystems und die der Doppelsterne eine linksläufige, dem Uhrzeiger entgegengesetzt. Die Einheitlichkeit der Gesamtbewegung des Systems erhellt auch aus der Spiralgestalt, die nur durch eine gesetzmäßige Drehung zustande kommen kann. Es ist unentschieden, ob diese Spirale durch den Zusammenstoß zweier sich bewegender Systeme entstand, wie wir es von den Gasnebeln, z. B. dem Orionnebel annehmen müssen, oder ob sie sich, was wahrscheinlicher ist, als natürliche Folge einfacher Systemdrehungen einstellt. Da sich nämlich in jedem kreisenden System die inneren Massen schneller bewegen als die äußeren, so bleiben diese hinter jenen zurück, wodurch das System allmählich Spiralgestalt annimmt (Abb. 34).

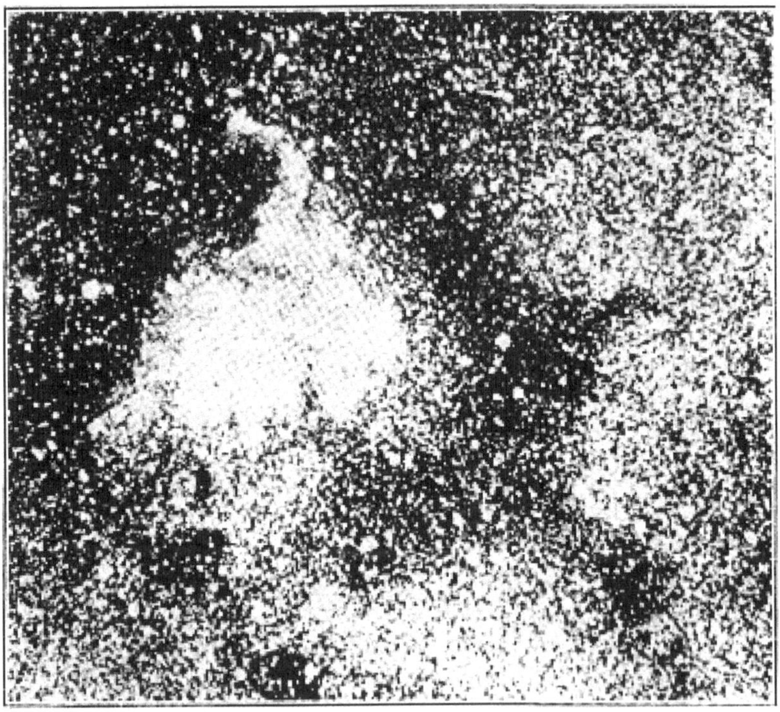

Abb. 33. Photographie des Amerikanebels (nach Wolf).

Auch unser Planetensystem ist in Wirklichkeit ein Spiralsystem, dessen wahre Gestalt wir nicht wahrnehmen, weil es nur aus wenigen Körpern besteht. Wären die Planeten durch Nebelmassen verbunden oder in so großer Zahl vorhanden wie die Milchstraßensterne, so würde auch dieses uns als Spirale erscheinen. Denn während sich der äußerste Planet Neptun einmal um die Sonne bewegt, haben Uranus 2, Saturn 6, Jupiter 15, die Erde 200 und Merkur fast 1000 Umläufe vollendet. Je älter ein Spiralsystem ist, je mehr Umdrehungen seine Glieder vollführt haben, um so windungsreicher muß es werden, wovon der ältere Andromedanebel mit seinen 5 Hauptwindungen gegenüber dem dreiarmigen Milchstraßensystem ein Zeugnis gibt. Da außerdem die Sonnen eines solchen Spiralsystems nach den Gesetzen der Schwerkraft dem Mittelpunkt zustreben müssen, so wie unsere Planeten der Sonne in Spiralzügen näher und näher rücken, muß sich ein Milchstraßensystem mit zunehmendem Alter im Mittelpunkt verdichten. Der ältere Andromedanebel scheint in der Tat ein viel dichteres Zentrum zu besitzen als unsere Milchstraße, in der die Überzahl der Sonnen noch in den äußeren Spiralzügen zerstreut ist.

Versucht man alle Ergebnisse der Milchstraßenforschung mit diesen theoretischen Erwägungen in Einklang zu bringen, so kann man im Rahmen einer Hypothese ein großartiges Naturgemälde vom Entwicklungsgang und Kreislauf des Milchstraßensystems entwerfen, das an äußerer Größe und innerem Reichtum einzig dasteht und unser gesamtes Wissen vom Weltall in eine große Formel bringt. Eine solche Hypothese ist unter anderen von Adolf Drescher vertreten worden und verdient durch ihre Übereinstimmung mit den Tatsachen der Forschung und durch die sinngemäße Verwertung des Gedankens von der Entwicklung und dem Kreislauf aller Materie wohl als ideale Krone unsere Betrachtungen über die Milchstraße zum Abschluß zu bringen.

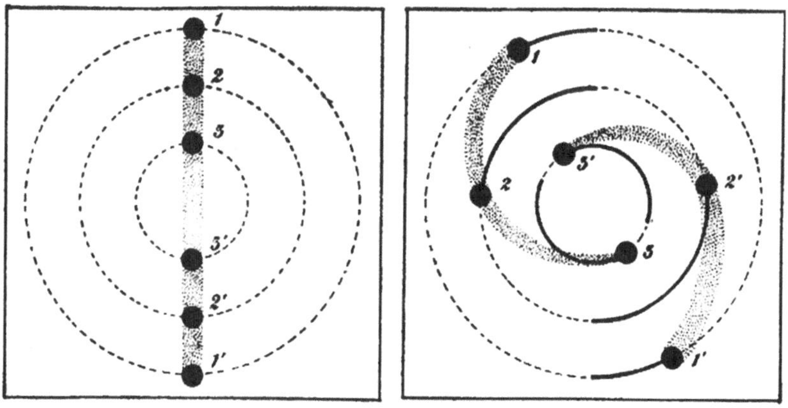

Abb. 34. Entstehung der Milchstraßenspirale infolge der schnellen Umdrehung der Innenteile.

Nach dieser Hypothese bewegen sich die Sonnen zu Haufen geordnet im Spiralsystem der Milchstraße von den äußeren Windungen nach dem inneren Zentrum. Sie beginnen ihre Spiralfahrt als Nebel, als kugelige Gasmassen, die wir als planetarische Nebel in der Milchstraße schwebend sehen. Während diese Nebel in der äußeren Spirale ihren Umlauf vollenden, kühlen sie sich ab, verdichten sie sich und werden zu Sonnen oder Sonnenhaufen, zuerst zu Nebelsternen, dann zu den heißen weißglühenden Siriussternen der ersten Klasse, wie wir sie in allen Teilen der fernen Milchstraße neben den planetarischen Nebeln angehäuft finden. Auf der Spiralfahrt ins Zentrum schreitet der Abkühlungs- und Verdichtungsprozeß immer weiter fort. Die Sonnen schnüren Planeten ab und bilden jene Sonnensysteme, in denen alle Bedingungen für die höhere Entwicklung der Materie und für das Auftreten des Lebens gegeben sind. In den inneren Windungen angekommen – man kann einen Umlauf in den äußeren auf 100, in den inneren Spiralen auf 20 Millionen Jahre schätzen – haben die Sonnen über die Hälfte ihrer Wärme verloren und leuchten nunmehr nur noch in gelblichem Licht wie unsere Sonne. Die meisten Sterne unserer Nachbarschaft, die mit uns nicht weit vom Zentrum des Systems in einer inneren Windung kreisen, sind im Gegensatz zu den Siriussonnen der äußeren Windungen, deren Weißglut eine Hitze von 16 000 Grad vermuten läßt, Sterne der 2. Spektralklasse vom Sonnentyp, deren Wärme auf 6000 Grad gesunken ist. Je mehr sich die Sonnen dem Mittelpunkt des Systems nähern, um so enger werden natürlich die Spiralen, um so geringer der Raum, so daß sie immer näher aneinander rücken müssen. Sie gelangen in das Machtbereich einer ihrer Nachbarsonnen, werden von dieser abgelenkt, beginnen mit ihr um einen gemeinsamen Schwerpunkt erst in großen, dann in immer engeren Bahnen zu kreisen, bis sie mit ihr ein Doppelsystem, einen Doppelstern bilden. Über ein Drittel der sonnennahen Sterne ist bereits in dieses Stadium der Doppelsysteme gelangt. Die Wärmeerzeugung durch Verdichtung wird immer geringer, die Schnelligkeit der Abkühlung immer größer, die Temperatur der Sonnen sinkt um Tausende von Graden, die Sonnenflecken werden größer und größer, das gelbe Licht geht in Rotglut über, Schlacken bedecken ihre Oberfläche und verdunkeln in unregelmäßiger Kurve ihren Glanz: die Sterne werden »veränderlich«, eine Sonne nach der anderen erlischt. Als tote Weltkörper treiben die erloschenen Sonnen und Doppelsonnen in den innersten Spiralen dem Knotenpunkt der Milchstraße zu, immer enger sich zusammendrängend, bis sie schließlich in der Mitte des Zentrums mit unvorstellbarer Geschwindigkeit gegen einander rasend zusammenprallen. Der Zusammenstoß entfacht mit der Gewalt einer Explosion ungeheure Energien, die gehemmte Bewegung des Gesamtkörpers setzt sich um in Schwingung seiner kleinsten Teile, der Atome, in Wärme. Die zusammengeprallten Sonnen leuchten auf als »neue Sterne«. Ihre Materie verdampft und eilt als glühender Nebel in Spiralen aus dem Innern des Systems davon, nach allen Richtungen sich verbreitend, zurück in die Milchstraße und hier jene Nebel, Feuerkugeln und Kanäle bildend, die wir hier zu Hunderten entdecken, aber auch über die Ebene der Milchstraße hinaus hinauf nach den Polen des Systems fliehend. In ihrer feinen Verteilung entschwinden uns diese leuchtenden Gase bald, so wie der Rauch einer Zigarre verweht. Aber je weiter diese Gasmassen hinauseilen in den kalten Weltraum, desto mehr kühlen sie sich ab, verdichten sie sich wieder, und wie die Wasserdämpfe, die unsichtbar der Erde entfliehen, sich in den kühleren Höhen zu sichtbaren Wolken verdichten, so ballen sich an den Polen der Milchstraße hoch über der Ebene der Sternspirale die Sonnengase zu Wolken zusammen, zu jenen Nebeln, die wir in der Polachse der Milchstraße und besonders an ihren Polen selbst als Nebelzüge und Nebelnester auftauchen sehen. Je weiter diese Nebel hinauseilen, um so mehr verlieren sie an lebendiger Bewegung. Mit zunehmender Verdichtung unterliegen sie wieder der gegenseitigen Anziehung und der Schwerkraft des ganzen Systems, die Spiralbahnen, in denen sie wie Tabaksdämpfe höher und höher entflohen, werden flacher und flacher, bis sie umkehren und sie wieder zur Milchstraßenebene hinabführen. An den Grenzen des Systems treiben die Nebel in weiten Spiralen aus der Polhöhe zur Äquatorebene hinab, wo sie durch die ständige Verdichtung und den dauernden Zustrom kosmischer Materie als Gaskugeln wieder in die Milchstraßenebene einmünden und hier von neuem ihren Kreislauf von Nebelkugel zum Sonnenball beginnen (Abb. 35).

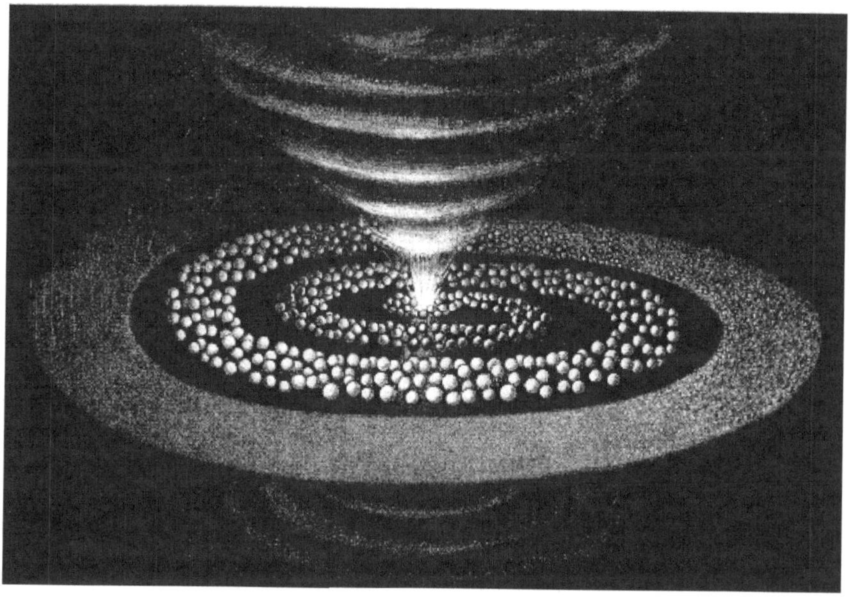

Abb. 35. Kreislauf der Sonnen im Milchstraßensystem.

Diese Milchstraßenhypothese, die nach Zeit, Raum und Inhalt wohl der umfassendste Gedanke ist, den ein Mensch auf naturwissenschaftlichem Boden erdenken kann, setzt uns in den Innenteil einer großen Sternspirale als Trabantenbewohner einer erlöschenden Sonne, der das Schicksal winkt, mit einer ihrer Schwestern einst zusammenzuprallen und im Zentrum des Systems zu verdampfen. Aber keine bange Menschenfurcht um unser kleines Leben braucht darum das Herz zu beschleichen. Millionen und Abermillionen Jahre werden vergehen, ehe wir an jenem End- und Sterbepunkt des Sonnenstromes angelangt sind und hier in Asche und Dampf zerschellen. Längst ist bis dahin alles Sein auf Erden geschwunden. Selbst auf der erkaltenden Sonne hat Leben sich entwickelt, geblüht und ist längst wieder erstorben, denn aller Lebenslauf vom Urschleim bis zum Menschen und über ihn hinaus bis zum Endglied, das trotz Technik und Kultur im Planeteneis erfriert und unter der Eisdecke der kristallisierten Luft in Weltraumkälte versteint, – das alles ist im Strom des Sonnenlaufs nur wie ein Frühling und ein Herbst auf Erden. Wenn also in Wirklichkeit jenes Katastrophenende kommt, – sterben wir dann nicht, um neu zu leben? Flammt dann nicht alles, was kalt, erloschen, tot, morsch und gefühllos ist, auf zu neuem Kreislauf, neuem Dasein, neuem Leben? Ist dieses Ende nicht eine Erlösung, eine Auferstehung, eine Wiedergeburt? So großartig, so gewaltig, so gerecht, wie kein Weltgericht gerechter, größer und gewaltiger sein kann? Sonnen werden neu geboren, Planeten erwachen, Monde verjüngen sich. Und was als flammende Wiedergeburt hinausdampft in den Weltenraum, das sind *wir*, das ist die Materie, die in *uns* gelebt und geliebt, gelitten und genossen. Was in jener Katastrophennacht den Sternenwelten des Alls als neuer Stern entgegenstrahlt, das hat einst als Goethe, Darwin, Plato und Homer über diese Welt geleuchtet, und was als Dampf dort neu entfacht hinauseilt, das trägt in sich den Keim zu neuen Welten, neuem Leben, neuer Kultur. Vielleicht führt diese Neugeburt uns über Nebelwolken und Sonnenglut einem schöneren Dasein zu mit weiteren Entwicklungsmöglichkeiten, höheren Erkenntnisfähigkeiten, durch die wir tiefer einzudringen vermögen in das Rätsel der Milchstraße, als es uns die Wissenschaft des Menschenhirns gewährt. Denn selbst im höchsten Stolze seines Wissens darf der wahre Weltbetrachter eines nie vergessen: mögen wir das System der Milchstraße mit Linse, Platte und Prisma noch so tief erforschen, mögen uns Instrumente mit tausendmal größeren Kräften zur Verfügung stehen, so daß wir lückenlos das Sternendasein vom Nebelchaos bis zur Sonnenkatastrophe überschauen, so enthüllt sich uns durch diese Wissenschaft doch immer nur die *Form* und die *Mechanik* des Weltgeschehens. Über das innere *Wesen* des Universums, über den Sinn all dieser Sonnenwelten und Weltspiralen, über ihren Ursprung und den Zweck ihres Daseins gibt uns weder die astronomische Forschung noch irgendeine andere geistige Erkenntnismöglichkeit, mag sie sich Philosophie,

Wissenschaft oder Glaube nennen, auch nur den kleinsten Aufschluß. Niemals können wir als Teile des Ganzen das Ganze begreifen, können wir als ein Produkt der Welt die Welt enträtseln, niemals werden wir, selbst nichts als denkende Materie, das Wesen dieser Materie erdenken. Seien wir auch am Abschluß dieses erhabensten Naturbildes, das der menschlichen Forschung zugänglich ist, im Angesicht der Milchstraße uns dieser ewigen Grenzen menschlichen Wissens bewußt.
